その道の
プロに聞く

生きものカメラマン
松橋利光

生きもののワオ!

知ってそうで知らない豆知識

大和書房

はじめに

　生きものはふしぎがいっぱい！　なんですが、じつは生きものの仕事をしていると、みんなが「ワォ！」とおどろくようなことでも、なんだかふつうのことのようになってしまい、世の中の人たちにとって、なにがふしぎでなにがふつうなのか、わからなくなってきてしまいます……。

　水族館の飼育員だったころにふつうだと思っていた生きもののことが、本をつくっている編集者さんやデザイナーさんにあまり知られていないことにおどろいたり、カメラマンになってからも、動物園に取材に行くと、私も知らなかった「ワォ！」とおどろくような豆知識がコロンと飼育員さんの話にころがっていたりします。

　もちろん飼育員さんだけではありません。
　生きものの保護や調査の仕事をしている友人、ペットショップをしている友人、獣医師をしている友人、いろいろな分野の生きもののプロたちとの話にも、たくさんの豆知識がかくれています。

この本では生きものの仕事をする人たちがふつうに知っていて、ふつうだと思っているから、わざわざ知識として人に話さないことや、意外と知らないようなことをまとめてみました。

　あ、この本は図鑑ではありませんよ。

　どうぞ、この本との見解のちがいや自分の知っていることをまわりのみなさんとお話して、自分の大好きな生きもののことを、いろんな人に知ってもらってください。
　また、この本を読んだ生きもの好きの人たちが、生きものに関心がうすい人たちにたくさん話をして、生きものに興味をもたせてくれたらいいなと思います。そして生きものに関心をもつ人が、ひとりでも増え、自然や生きものに広く目が向けられたらいいな、そんな思いでこの本を作りました。
　この本の豆知識が生きもの好きとそうでもない人たちの会話のかけ橋になれたらうれしいです。

生きものカメラマン　松橋利光

1 ほ乳類のワォ！

- キリンと人 首の骨の数はいっしょ ——— 10
- キノボリカンガルーは木から降りるのはニガテ ——— 12
- ワンワンはシマウマ？ ——— 14
- サイのツノは毛のかたまり？ ——— 16
- コレは筋肉なんだ ゾウの鼻には骨がない ——— 18
- カバの汗は赤っぽい？ ——— 20
- コウモリの子はさかさまのさかさま？ ——— 22
- マレーバクがしっぽを上げたら気をつけろ！ ——— 24
- ウサギは自分のウンチを食べちゃうんです ——— 26
- テングザル モテる男は天狗鼻 ——— 28
- オランウータン フランジが広いと強い ——— 29
- セイウチがヒゲモジャなわけ ——— 30
- ラッコの1日は食っちゃ寝 ——— 32
- ラッコのポケット？ ——— 34
- シロイルカの口にはひみつが…… ——— 36
- イルカの鼻はあたまの上 ——— 38
- イルカのおっぱいはおしり ——— 40
- イルカは熟睡しない ——— 42

2 はじめに

44 **まつはしコラム1** イルカショー、「朝一番」をぜったいに見ろ！

2 は虫類のワォ！

ヘビは胴長 ——————————————— 46

ヘビの鼻は口の中 ——————————————— 48

ヘビじゃないのにあしがない！ ——————————————— 50

ヘビのアゴは外れたりしない！ ——————————————— 52

カメレオンの色は気分しだい ——————————————— 53

トカゲがしっぽを切るのは自分の意思 ——————————————— 54

ウミガメの涙のわけは…… ——————————————— 56

ウミガメの子、30度以上で女になります ——————————————— 57

58 **まつはしコラム2** ヘビもトカゲもあったかい

3 虫類のワォ！

タランチュラにかまれても死にはしない —————— 60

サソリはおんぶして子育てする —————— 62

ダンゴムシはおなかをやぶって出てくる —————— 64

それは黒目じゃないよ。バッタの目に注目！ —————— 66

スズムシはあしで聞く —————— 68

忍者も愛用！ ツチハンミョウの毒に気をつけろ！ — 70

ベタベタビームでのがさない!?
　　カギムシというなぞの生きもの —————— 72

コンクリート、うまっ！
　　カタツムリはコンクリートがお好き —————— 74

これがホントの居候！ イソウロウグモ —————— 75

飛べると信じているから飛べる？ クマバチ —————— 76

ミツバチはスプーン1杯に命をかける —————— 77

78 **まつはしコラム3** 女吸血鬼、その正体はカ

4 水辺の生きもの のワォ！

タコのあたまは胴体 ———————————————— 80

ウニ　え、これがあしだったの？ ———————— 82

5年食べなくてもだいじょうぶ
　　ダイオウグソクムシ ————————————— 84

おくびょうなピラニア ———————————————— 86

光るクラゲ　自分では光っていない？ ———— 87

もうあともどりできないけど、
　　ボクはメスになる！　カクレクマノミ ———— 88

シオマネキのきき手 ———————————————— 89

海の最強ボクサー　モンハナシャコ ————— 90

魚なのに水に入るのが好きじゃない？
　　ミナミトビハゼ ——————————————————— 92

チンアナゴのチンは珍じゃなくて狆（イヌ）——— 94

かわいい顔して本気出すとこうなります　クリオネ — 95

イワシの体はセンサーつき？ ————————— 96

98　**まつはしコラム4**　ヨコジマはタテジマ、タテジマはヨコジマ
　　魚のもようの話

5 カエルのワォ!

カエルはおなかで水を飲む —————— 100

カエルって目がいいのに目が悪い —————— 102

モウドクフキヤガエルの毒はあなどるな —————— 103

子孫を残すために醜く変化するカエルたち —————— 104

内蔵がすけて見える グラスフロッグ —————— 105

皮ふを切りさきズバッと生える カエルの変態 —————— 106

108 まつはしコラム5 カエル流子育て

6 鳥類のワォ!

離婚率3%? ペンギン夫婦 —————— 110

脳みそが目よりも小さい ダチョウ —————— 112

え、うちの子 オウムだったの? —————— 114

鳥のひざ、じつはかかと? —————— 116

フランミンゴがピンクなわけ エサとアブラ —————— 117

ツバメが低く飛ぶと雨になる? —————— 118

オシドリはおしどり夫婦じゃない —————— 120

フクロウは横目でカンニングができない? —————— 121

鳥が電線で感電しないわけ —————— 122

124 おわりに

125 撮影協力

126 この本に登場する生きものたち

1章

ほ乳類のワォ！

かわいいだけじゃない
意外な事実がたくさん。
動物園でも見られちゃうかも！

ほ乳類 1

キリンと人 首の骨の数はいっしょ

首の骨の数7個！
人と同じ数なんだよ！

体が大きく、四肢も首も長〜いキリンですが、じつは、あの長い首、骨の数は人間と変わらないのです。

首の骨の数は、多くのほ乳類と同じで7個。あの長さで7個って、とてもふしぎに感じるかもしれませんが、ひとつひとつの骨が長いということなのです。その長さは、ひとつが30cm近くもあり、首の動きを見ていると、まあしなやかでよく動きはするけれど、曲がる角度はアーチを描くようにゆるやかですよね。ヘビや妖怪ろくろっ首のように、ぐにゃっとは動かないのです。

DATA
- **なまえ**　アミメキリン
- **大きさ**　4〜5m　**分布**　アフリカ

10　協力：アドベンチャーワールド

キリン

ムラサキの舌も長いぞ！

キリンは首とあしだけじゃなく、舌も長いのです。舌をくるっとまくようにしてエサになる葉っぱをとります。長いあし、長い首をもっていてもとれない、高いところの葉っぱもとれるって寸法です。

1 ほ乳類

キノボリカンガルー

DATA
- なまえ　セスジキノボリカンガルー
- 大きさ　60cm
- 分布　ニューギニア島　中部から東部

カンガルーの祖先って、もともと木の上で生活をしていたらしいのですが、オーストラリアの土漠など、森が減ったことで生活の場を地上に移し、大型化して、今のカンガルーになったそうです。でも、そのあとふたたび森に戻り、木の上で生活するようになったのがキノボリカンガルー。

住んでいるのはパプアニューギニアの熱帯雨林。木に登るためにツメがしっかりしていて、木の上で葉っぱや果実を食べて、平和にくらしているようです。

でもじつは、キノボリカンガルーって、木から降りるのはへたくそです。ものすごく慎重……。あとずさりしながら、うしろあしで陸地を探すように空を切り、一度あきらめ、またあしで陸地を探り、あしがつくとゆっくりゆっくり地上に降り立ちます。

その姿もまたかわいいですけどね。

協力：よこはま動物園ズーラシア

キノボリカンガルーは木から降りるのはニガテ

ツメをしっかり立てて、ものすごく慎重に降りてるよ！

ムリ…

著者の体験談
ズーラシアに行けば会える！

パプアニューギニアを訪れたとき、「キノボリカンガルーを見たい」というと、野生で見られるわけがないと、動物園に連れて行かれました。「えー」と思いつつ、当時日本では見ることができなかったので、木の上にじっと、ただそこにいるキノボリカンガルーをながめたものです。今は神奈川県のズーラシアで見られますよ！

1 ほ乳類

シマウマの
おしりのシマ、
しっぽにもシマが
ちゃんと
あるんです！

小 さなお子さんに、親御さんが「ワンワンかわいいねー」などと使いますよね。そう、「ワンワン」といえばイヌのことです。

鳴き声がワンッワンッだから、イヌのことをワンワンと呼ぶのでしょ？ それならば、シマウマも「ワンワン」です。

シマウマも、ワンッワンッと鳴くのです。たぶん、鳴き声だけ聞いたら、イヌとまちがえるほど、ワンワンです。

これからは、「イヌのほうのワンワンかわいいねー」といったほうがいいでしょうか。

ちなみにキリンは、「モォ～」と鳴きます。乳製品にモォと使われているものがありますが、あれは……。モォ、そこまでいくと、ただのへりくつですね。

14

ワンワンはシマウマ？

鳴き声の話
シマウマはワン、キリンはモー

ワンワン…

シマウマ

DATA
- なまえ　チャップマンシマウマ
- 大きさ　2〜2.5m
- 分布　アフリカ東部〜南部

協力：アドベンチャーワールド

1 ほ乳類

サイのツノは毛のかたまり?

ズーン

サイ

16

サイのツノは、「ケラチン」でできています。ケラチンというのは、ツメとか毛とかウロコとか、いろいろなものをつくるタンパク質です。そのためか、サイのツノはいろいろなものにたとえられます。でも、総合的に考えれば、毛のカタマリと思うのが妥当でしょうか？ まとまってかたまったワイルドな毛といえば、やはり、ドレッドヘアー。

ということで、私の結論として……サイのツノは天然のドレッドヘアーです！

え、サイのツノは漢方薬？

サイの皮ふはぶあつく、まるでヨロイのように強いので、肉食獣にもおそわれることは少ない。生物界において、最強の生きものといえるのです。しかし、ツノが漢方薬として重宝されたことで、人間に密猟されて絶滅寸前に……。漢方としての効果は証明されていないのですが「富の象徴」という別の目的もあるようで、密猟がたえません。ツノをとるために殺されてしまうサイの命を守ることが優先と、保護する側が、ツノをあらかじめ切っておくという秘策も講じられているそうです。悲しい現実……。

DATA

- なまえ　ミナミシロサイ
- おおきさ　4mくらい
- 分布　アフリカ

協力：アドベンチャーワールド

17

人がぶら下がっても全然平気なほどじょうぶな鼻ですが、キリンの首とちがって、ずいぶんとなめらかに動きますよね。クルンと丸くしたり、あっち向いたりこっち向いたり、ワラをクルンと巻きとったり、鼻先でリンゴをつまんだり、水を吸い上げて口に運んだり。まるで人の手のように細かい作業までできて、とっても器用ですね。

なぜあんなに動くのかといえば、鼻の中に骨がないからです。あの長い鼻を、筋肉であんなに自由に動かしているのです。しかも、鼻で数百キロの重さのものも持ち上げられるらしいですよ！

そして、ゾウの鼻は、じつは上くちびるでもあるんです。ほら、よくみると上くちびるがないでしょ。

ゾウの耳は冷却装置

ゾウの耳は、大きくてとっても象徴的！某アニメでは、特別に大きな耳の子ゾウが飛べちゃったりもしていましたが、あのモデルはアフリカゾウでしょうか？　でも、あのキャラクターの性格などから想像するに、マルミミゾウでしょうか？　かわいいですよね。大好きなアニメです（笑）

それはそうと、ゾウは生まれたてでも体重が120キロほどありますので、もちろん飛べないですよね。

では、なぜあんなにも耳が大きいのかというと、「熱放出」に役立っているのです。まあ簡単にいえば、ラジエーターみたいなものでしょうか？

ゾウの耳はうすく、血管が皮ふ表面に近いので、熱を放出しやすいのです。暑いときに耳をパタパタさせているのは、より涼しくするためで、寒いときには体にぴったりとくっつけ、熱の放出をおさえます。

DATA
- なまえ　アフリカゾウ
- 大きさ　7mくらい
- 分布　アフリカ中部～南部

アフリカゾウ

協力＊アドベンチャーワールド

耳が大きくないゾウ

アジアゾウは、アフリカゾウにくらべ耳が小さいです。炎天下のサバンナにくらすアフリカゾウにくらべると、日かげも多い森林にくらすアジアゾウは、耳を大きくする必要があまりなかったのでしょう。林間を移動するのに、じゃまにもなりますね。

カバの汗は赤っぽい？

ほ乳類 1

カバの汗は赤い！といわれていて、なかには「血の汗」という表現を見ることもありますが、本当に血のように、あざやかに赤いわけではないのです。

飼育されているカバの汗の色を見たまま正確に表現すれば、少し透明感のある茶褐色で、まあ、濃く入れた紅茶、濃いめのカラメルソース、そんな感じです。

汗の成分が空気にふれることで、赤褐色になるらしいのですが、一説には、この汗には殺菌効果や日焼け止め効果があるとか。カバは水の中にいることが多いのですが、陸に上がるとき、玉のような大量の汗をかくので、乾燥をふせぐ粘液のような役割もあるようです。

血じゃないよ……

カバ

DATA

- なまえ　カバ
- 大きさ　3〜4m
- 分布　アフリカ

協力：アドベンチャーワールド

1 ほ乳類

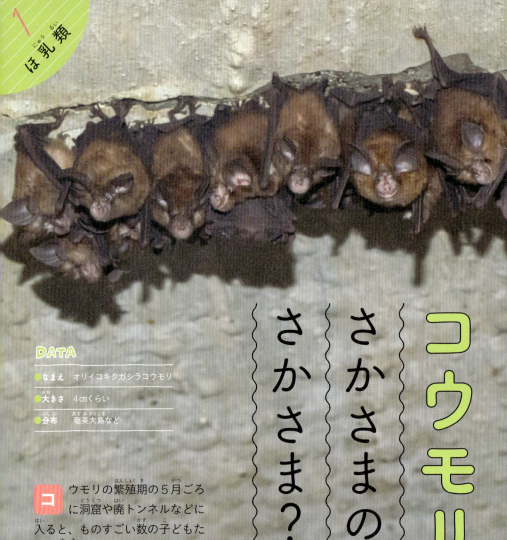

コウモリの子はさかさまのさかさま?

DATA
- **なまえ** オリイコキクガシラコウモリ
- **大きさ** 4cmくらい
- **分布** 奄美大島など

コウモリの繁殖期の5月ごろに洞窟や廃トンネルなどに入ると、ものすごい数の子どもたちに出会えます。

群でとまっている写真をよく見ると、黒い子と茶色い子がいるでしょ。茶色っぽい子が母で、黒い子たちが子です。少し大きくなると、母と同じように、あたまを下にしてさかさまにぶら下がりますが、この少し前は、母のおなかにあたまを逆にして、さかさまのさかさまにつかまっているのです。

22

親コウモリ
（あたまを下にしている）

子コウモリ
（あたまを上にしている）

コキクガシラコウモリ

著者の体験談

さかさまのままオシッコ

コウモリのオシッコって、ぶら下がってチャーッてするイメージでしたが、それは大型の「フルーツバット」の行動みたいですね。小型種を観察していると、みんな体をちょいっとそらして、チャッとオシッコをしていました。

1 ほ乳類

マレーバク

すごいいきおいで
飛んでくるから
気をつけて！

著者の体験談
あわや！ 危機一髪！

この写真を撮影したときも、ほかの撮影が終わって夕方、マレーバク好きなので、最後に少しながめようと、ほんとうになんの気なしケージの前で見ていると、おしりをこっちにむけたのです。「わ！」と思ってうしろにとびのき、危機一髪回避し、この写真が撮れたのでした。

協力：アドベンチャーワールド

マレーバクが しっぽを上げたら 気をつけろ！

協力：アドベンチャーワールド

白と黒の配色がパンダっぽい、想像上の生きもので、夢を食べるイメージもあり、動きがそれほど速くもなく……バクは動物園でも人気者ですよね。でもだからって、のんびりぼーっと見ていたら、とんでもない目にあう可能性があります。

　とにかく、マレーバクがうしろを向いたら逃げましょう！　縄ばりを主張するために、オシッコをシューッと飛ばすのです。5メートルくらいは飛びますし、風の向きによっては、その被害はとんでもないことになりますよ。ちなみに、これといった前ぶれはないように感じます……。

DATA

- **なまえ**　マレーバク
- **大きさ**　2.5mくらい
- **分布**　マレー半島　タイ　インドネシア

1 ほ乳類

ウサギは自分のウンチを食べちゃうんです

栄養のために、軟フンというやわらかいものを食べるよ！

もぐもぐ

ミニウサギ

いま、食べてます！

DATA
- なまえ　ウサギ
- 大きさ　それぞれ
- 分布　ペット

26

コ　アラの母親が、自分のフンを子に食べさせる習性は、有名ですよね。あれは、ユーカリの消化に必要な、微生物をとるなどの目的があるのですが、そのほかにも、自分のフンを食べる生きものは多くいます。

なかでもよく知られているのが、ウサギですかね。

ウサギはふだんコロコロの固いウンチをしますが、それは食べません。食べるのは軟フンというやわらかいもの。おしりに口をつけるようにして食べるので、「ウンチを食べている！！」という感じではありません。では、なぜ自分のウンチを食べるのか。ウサギの主食は牧草などの草ですが、とても消化が悪く、栄養価も高くないので、消化吸収できなかった草を盲腸に送りこんで、発酵分解するのだそうです。

発酵することで、ビタミンやアミノ酸など、栄養価を増やし、まあいってみれば、栄養豊富な発酵食品みたいなものになるんです。それを食べることで、栄養を効率的にとっているんですね。

著者の体験談
ウンチを食べることについて

あるとき動物園で見たチンパンジーの食糞は、まるでバナナでも食べるように手に持ち、ずーっと長い時間、ちょこっとずつ食べては落ち着きなく周囲を見まわしたり、少し違和感を覚えました。飼育の人に聞いてみると、飼育下でのチンパンジーの食糞は、時間を持て余しているなどの異常行動のひとつで、野生のものよりよく見られるのだそうです。施設内にあそび道具をそろえたりして対策をしているのだと説明していただきました。

オイシー

ペロペロ

よく見るコロコロしたウンチは食べないよ。

協力：蛙葉堂　27

1 ほ乳類

テングザル
モテる男は天狗鼻

片手で鼻を持ち上げながらエサを食べることも。

まだまだ未熟なオレの鼻

テングザル

鼻の大きなテングザル。だれが見てもなぜ？　と二度見してしまうほど、奇妙な鼻ですよね。あの大きな鼻は、鳴き声を出すときの響鳴器になっているそうです。

動物園で聞いた話では、とくに大きな鼻のオスは、エサを食べるとき、じゃまになることもあるらしく、片手で鼻を持ちあげながら食べることもあるらしいのです。

じつはあの鼻、何のために大きいかは正確にはわかっていないらしいのですが、一説によると、大きな鼻のオスほど、大きなハーレムを有するらしいので、大きな体、大きな鼻は、モテアピールと考えられています。大きな鼻は強いオスの象徴で、メスは、大きな鼻のオスを魅力的と感じるのでしょう……。

ちまたでは、「鼻の大きな男性はあそこが大きい」などとまことしやかにいわれていますが、もしかしたら、テングザルがそのネタの元になっているのかもしれませんね。

著者の体験談
低音ボイス

ボルネオの河川で、川に張り出した木々を飛びまわるテングザルの群に遭遇したことがあります。遠く離れていて、全然近づけず、写真を撮るのをあきらめたほどでしたが、鳴き声だけはたしかに聞こえていました。低音ボイスは大きな鼻が作り出すらしく、その響きはメスにはたまらないそうです。人もサルも、低音ボイスはモテるのですね……。

DATA
- なまえ　テングザル
- 大きさ　60〜75cmくらい
- 分布　ボルネオ島

28　協力：よこはま動物園ズーラシア

動 物園で見るオランウータンの多くが、ほおは大きく張っていますよね。あのほおのヒダは「フランジ」といって強いオスの象徴で、すべてのオスオランウータンのフランジが広がるわけでなく、細い顔の子もいます。

自然下では、群れることなく単体で行動していますが、ときどき出会うオスよりも、自分のほうが強そうだとか、ケンカに勝ったとか、地域で一番強いと本人が思ったりするとフランジが広がるらしいので、オスを複数匹飼っている施設が少ない、動物園という環境では、ほかの強そうなオスに出会うことがないので、オスの多くがフランジは広くなるのでしょう。

もう1ネタ ただのうわさかなぁ？

ちょっとウソかマコトか判断しにくい話としては、飼育員が屈強すぎるとフランジは広がらない、ケンカに負けたりするとフランジはちぢむらしい、ともきいたことがあります。ただ、フランジが広いとモテるのは事実のようです。

オランウータン
フランジが広いと強い

DATA
- なまえ　オランウータン
- 大きさ　80〜90cmくらい
- 分布　ボルネオ島など

1 ほ乳類

セイウチが ヒゲモジャなわけ

ア　シカやアザラシなどの鰭脚類(ヒレアシ動物)って、しっかりした長いヒゲが生えていますよね。あのヒゲ、じつは感覚器官で、周囲のものを探ったり、エサを感じたりするためにあるのですが、けっこう器用に動くのです。器用に動く感覚器官。まあ、人間でいえば手みたいなものですかね。水族館のショーで、ボールなどをうまく鼻先にのせ、バランスをとるときにも、このヒゲを使っています。

　そんなヒゲですが、セイウチはまた一段とモジャモジャですよね。それは、セイウチの食性に関係があります。アザラシやアシカが、魚などをつかまえ、丸のみにするのに対し、セイウチの自然界での主食は二枚貝。あの、少し短くてモジャモジャッとしたヒゲは、砂にもぐる二枚貝を探すのに便利なのです。ヒゲで貝を見つけると、口で水をピューと吹いて掘り出し、吸引力のある柔軟な口で、中身をチュパ、と吸い出して食べます。そのため、アシカやトドよりも顔の幅が広くて、吻(鼻先)が短くて、ヒゲが多いのですね。

著者の体験談

水族館でイチオシ！ セイウチのショーはスゴイぞ！

セイウチのショーを見てください！　その口の特徴を、最大限にいかしています。そのなめらかな口で、貝を吸い出すときのように、チュパッと投げキッスをしたり、口をすぼめて水をピューッと吹いたり、ほかの鰭脚類にはマネできない芸がたくさんなんです。私も取材におとずれて以来、すっかりセイウチのショーにはまってしまい、撮影の合間にかならず見に行っています。

1 ほ乳類

ラッコの1日は食っちゃ寝

海にプカプカ浮かび、海藻にくるまってお昼寝。ときどき貝をとってきて、おなかにのせた岩でわって食べる。そんなのんびりなイメージのラッコですが、じつはラッコ、水温4℃から10℃ほどしかない極寒の海に暮らしています。

ん？ でも、それにしてはアザラシのように脂肪がぶあつくないですよね。どうやって体温を維持しているのでしょうか？

それは食べることです！ たくさん食べることで、代謝をあげエネルギーにしているのです。その量は体重の25パーセント！ 体重が40キロなら、10キロも食べるんです。

そして、その作り出したエネルギーを逃さないのが、ふわふわのやわらかい毛です。長い毛の下には細かい毛がたくさん生えていて、その密度は、地球上の動物で一番といわれています。そのおかげで、皮ふに直接冷たい水がふれることはないのです。寒さから身を守る大切な毛なので、1日の多くの時間を、毛づくろいに費します。エサのあとなどは、毛によごれがついて水はけが悪くなるので、念入りに毛づくろいをします。ていねいにていねいに毛づくろいをして、たくさんの空気をふくませます。密集した体毛と空気の層で、体温を逃がさないのです。

著者の体験談
ラッコの好ききらい

水族館でラッコの担当をしていたとき、苦労したのが、ラッコの好ききらいです。当時は、タラ、イカ、ウチムラサキがおもなメニューでしたが、タラの小骨でせきこむし、イカのあしを隠して胴の部分だけもらいにきて、おなかいっぱいになるとあし(げそ)を捨てるので、混ざってしまって、2頭のうちどちらが捨てたかわからず、貝も好きな部位だけ食べちらかしたりして……摂餌量(食べた量)を把握しにくいったらありませんでした。体温維持のためにもしっかり食べてもらわないといけないし、体調管理のためには、摂餌量を把握する必要があるのでね。

DATA

- **なまえ** ラッコ (アラスカラッコ)
- **大きさ** 150cmくらい
- **分布** アラスカなど
日本では北海道
(ロシアラッコ)

けっこう
キバが
するどい！

貝を
上手にもって
あそんでるよ。

ラッコはポケットを持っています。ワキの下に！　まあ、ポケットといってもワキのあたりの皮ふがたるんでいて、そこにいろいろ入れておけるといった感じなんですが、その使い方は、まさにポケット。

水族館では、エサの貝をいくつか受けとったら、ここにはさんで保持します。でも、ちゃんと袋にはなっていないので、ちょっとはみ出た貝を、別のラッコがとろうとしたり。

クルンと回転するときは、落ちないようにちょっと手でおさえたりして、とってもかわいいのです。

ラッコのポケット？

ラッコ
DATA▶P32

WOW!

ラッコは
ものすごく
いたずらっ子で
飼育員泣かせ！

著者の体験談
遊び道具もワキにかくす

これまたラッコにこまらされたのは、ワキのポケットにかくした貝がら。エサの最中に、こっそり割れた貝がらをワキのポケットにかくしておいて、人がいなくなるのを見はからって、その貝を使って、展示面のアクリルをガリガリとやるのです。回収できなかったことで、どれだけ先輩に怒られたことか……。

協力：鳥羽水族館

1 ほ乳類

ここを「メロン部」というよ。メロンみたいだから？

シロイルカ

DATA
- なまえ　シロイルカ（ベルーガ）
- 大きさ　3〜5m
- 分布　北極圏の海　北アメリカ　ロシアなど

　その美しい声から、海のカナリアとも呼ばれるシロイルカ。ほかのイルカとは顔の雰囲気が少しちがいますね。
　吻（鼻先）が短く、まるでくちびるのように肉厚な感じの口まわり。あたまの「メロン部」も、イルカよりも大きくポヨンポヨンとやわらかで、あの昭和のおばけキャラクターを想像してしまいます。

　その見ためも特徴的な口ですが、最大の特徴は、ほんとうに人の口みたいに、とっても柔軟に動かせることです。
　口をすぼめて、空気や水をピューッと噴射できたり、魚をひょいっと吸うことだってできます。かわいらしくあひる口だってできますよ！
　自然界のシロイルカは、海底の砂を巻き上げて、出てきた魚を食べるそうです。

シロイルカの口にはひみつが……

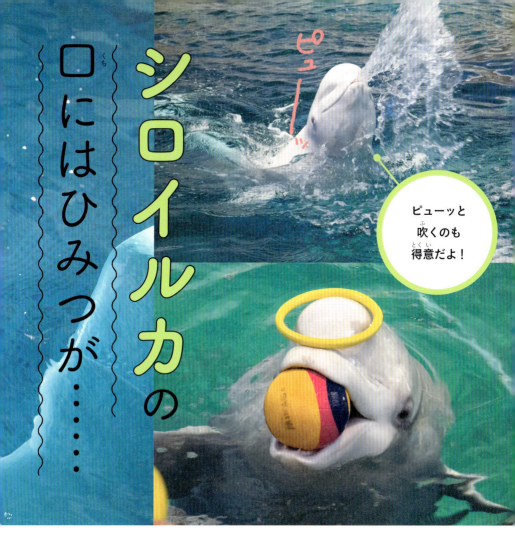

ピューッ

ピューッと吹くのも得意だよ！

もう1ネタ 200種類の音も出せるぞ！

海のカナリアと呼ばれる美しい声ですが、あれは口から出しているのではなくて、人間でいえば、鼻に相当する噴気孔から出ています。噴気孔の奥をふるわせて、メロン部でひびかせているのだそう。この鳴き声で、仲間同士のコミュニケーションをとっているので、200種類ぐらいの音を出せるそうです。

もう1ネタ スパイになったことも……！？

某国のハーネスをつけ、スパイ？　とされるシロイルカが発見されましたよね。シロイルカは、ほかのイルカクジラ類同様にとても頭がよく、また社交性があります。水族館でも見られるように、人とコミュニュケーションをとりながら、こちらの意図を理解し、表現することができますから、まさに従順なスパイにもできてしまうということなのでしょう。流氷の下でこすれたりしないように、背びれがなくなったとされるシロイルカは、潜入捜査にうってつけだったのでしょうね。発見、解放されて、ほんとによかった。

協力：名古屋港水族館

37

1 ほ乳類

においをかぐことは
あまりできないけど……
鼻はココ！
水面に出たら
パカッと開くんだ！

ここが
鼻だよ！

WOW!

うふふ…

バンドウイルカ

DATA

- **なまえ**　バンドウイルカ
- **大きさ**　2〜4m
- **分布**　世界中のあたたかい海

協力：名古屋港水族館

イルカの鼻はあたまの上

イ ルカの鼻は、あたまの上にあります。水面に出たときに、プシューッと水しぶきを飛ばすあれ。あの噴気孔が、人間でいうところの鼻というわけです。

でもじつは、イルカの嗅覚はほぼ退化してしまっているので、においをかぐ能力はほとんどないみたいです。

人間は、口でも鼻でも呼吸ができますが、イルカは食道と気道がつながっていないので、口は食べるだけで、呼吸ができない構造になっています。つまり、呼吸は噴気孔からのみ。そうです、呼吸するための鼻なんです。噴気孔は、水面に出て、呼吸をするとき、パカッと開き、水中にいるときはしっかり閉じているので、鼻から水が入って痛たたたた……みたいなことはありません。

もう1匹 ジュゴンのザ・鼻

ジュゴンの鼻は、人間と同じような鼻の位置にあります。それだけでも、イルカとは別の生きものだとわかりますよね。水中でくらし、ヒレや体型、肌の感じなどから混同されがちですが、ジュゴンは海牛類と呼ばれる仲間で、クジラやイルカよりもゾウに近い生きものです。

ジュゴン

協力：鳥羽水族館

1 ほ乳類

イルカの おっぱいは おしり

おいし〜 ゴクゴク

WOW!

まさにいま、おっぱいを飲んでいるよ。

DATA
- なまえ　イロワケイルカ
- 大きさ　1.2〜1.7mくらい
- 分布　南米マゼラン海峡など

鼻の次はおっぱいの話です。

さて、おっぱいはどこにあるでしょうか?

動物のおっぱいは、人間の胸の位置から、牛のようにおなかのあたりといったイメージが強いですよね。

でも、イルカのおっぱいはおしりのあたりにあります。おしり、つまり、排泄口(ウンチが出るところ)の横のみぞに隠れています。

授乳の方法は、子イルカが、「おっぱいがほしいよ」と合図をおくると、子イルカの泳ぐ速度に合わせるように、親イルカがゆっくり泳ぎ、子イルカは追いかけるような位置について、うしろから飲みます。

ちなみに、鼻のお話で登場したジュゴンのおっぱいは、ワキの下にあります。

もう1杯 ジュゴンのおっぱいはワキの下

このまるいやつだよ。
なんだかかわいいね。

コレ!

イロワケイルカ

協力:鳥羽水族館

1 ほ乳類

いや〜いそがしくって
寝てないんだよね〜

イルカは熟睡しない

バンドウイルカ

DATA ▶ P38

42　協力：名古屋港水族館

人間も、子育て中は夜中のおっぱいやおむつ交換などがあって、夫婦で交代に起きたりと、ぐっすり眠れない日が続きますよね……。

イルカだって、同じなんです！でもそれは、子育て中だからではなくって、イルカの睡眠方法なのです。

半球睡眠という睡眠法なんですが、イルカは周囲を警戒し、泳ぎながら眠るために、脳の半分ずつ眠るんです。

よく観察すると、片目を閉じて泳いでいるイルカがいます。そうです、あれは、脳の半分が寝ている状態なんです！右目を閉じているときは、左脳が寝ている状態で、左目を閉じているときは、右脳が寝ている状態。安心して休める水族館でも、基本的には片方ずつ寝るようですが、個体によっては、プールのふちにアゴをのせて熟睡してる？と思うほど、眠っていることもあるようです。

あこがれの「半球睡眠」

片方の脳を休ませる睡眠方法を採用しているのは、イルカだけじゃありません。渡り鳥も、長時間飛びながら、この半球睡眠を行うそうです。仕事や子育てがいそがしいときなどは、この半球睡眠、あこがれちゃいますね。

Matsuhashi Column 1

協力：名古屋港水族館

イルカショー、「朝一番」をぜったいに見ろ！

撮影のため、開館前の水族館に入らせてもらうことも多いのですが、いつも感じるのは、生きものたちの好奇の目。朝なので、おなかが減っていて、「エサが欲しい！」と飼育員の登場を心待ちにしている子もいますし、「夜、ヒマだったんだよー、かまってほしいー」と、ワクワクして近寄ってくる子もいます。

イルカたちはまさにそのかまってほしいほう。水槽の前に立つと、本当に「撮って撮って」とでもいっているように、目の前に、入れかわり立ちかわり、きてくれるのです。水族館に行くなら、開館時間をねらいましょう！　そして、まずはイルカの水槽の前に行ってみましょう。きっとすぐ近寄ってきてくれますよ。

そしてもちろんショーも同じこと。朝のイルカたちはやる気に満ちあふれています。飼育員時代はもちろん、今でも撮影で1日中（全回）ショーを見る機会がありますが、やはり初回の演技が一番ジャンプが高かったり、技のキレがいいように感じます。1日ショーをやって疲れてくると、少しダレてくるのはイルカだって同じですよね。

2章 は虫類のワォ！

知らないからこわいんだよ。
よーく見て！ いろいろ知れば、
けっこうおもしろいは虫類たち

は虫類

マウンテンキング

ひょろっと ほそいオイラ

DATA
- なまえ　チワワマウンテンキングスネーク
- 大きさ　1mくらい　●分布　メキシコ

ヘビは胴長

筋肉ムキムキの ヘビだぜ！

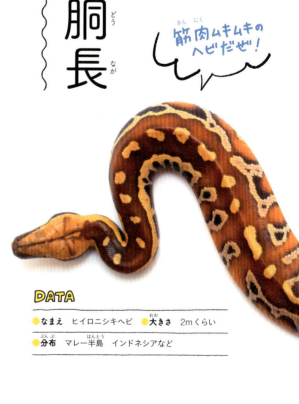

DATA
- なまえ　ヒイロニシキヘビ
- 大きさ　2mくらい
- 分布　マレー半島　インドネシアなど

　ヘビのしっぽって、どこからか知っていますか？
簡単にいえば、ヘビの総排泄口（ウンチをだすところ）から先がしっぽなので、首から総排泄口までが胴体ということになります。一部の樹上性（木の上で生きる）のヘビは、木の枝にしっぽをまきつけるので長め、地上性のヘビは短めの印象です。わが家のヘビで測ってみたところ、全長120センチのボールパイソンでしっぽは10センチ、全長120センチのアオダイショウでしっぽは30センチでした。

46

ヘビに多い
バランスは
このくらい。

著者の体験談
ヘビは筋肉でできている!!

ヘビの胴体が長いということは、それだけ全身が自分の意思で自由に動く、ということでもあります。気をつけないといけないのは、全身ムキムキの筋肉ヘビ！ 撮影のとき、ヘビとの距離を見極めるひとつの判断材料が、「筋肉のつき方」です。
細くて筋肉がなさそうなヘビと、太くてムキムキのヘビでは、やはり俊敏さや飛びかかってくるときの伸びがちがうのです。
ボルネオ島で、アミメニシキヘビにかまれそうになった経験からの、自己流な判断方法ですが、ハブの撮影などで非常に役に立っています。もちろんそれぞれの性格、気のあらさなども考えなければならないので、絶対にマネはしないでくださいね。

ヒイロパイソンや
ボールパイソンは
太短いタイプ！

ここがしっぽ

いいがしっぽ

WOW!

（ ヒイロパイソン ）

協力：トコチャンプル

47

は虫類

アオダイショウ

ヘビの鼻は口の中

ペロペロッ

WoW! 舌をペロペロしているのはにおいをかぐためなんだ。

手あしがないのは進化！ヘビは最新型は虫類だぜ！

DATA
- なまえ　アオダイショウ
- 大きさ　最大で2mくらいになる
- 分布　北海道　本州　四国　九州など日本各所

DATA
- **なまえ** セイブシシバナヘビ（アルビノ）
- **大きさ** 70〜120cm
- **分布** アメリカ中部からメキシコ北部

セイブシシバナヘビ（アルビノ）

パプアンパイソン

DATA
- **なまえ** パプアンパイソン
- **大きさ** 3mくらいになる
- **分布** ニューギニア

ビの顔をよく見れば鼻孔があるので、人間の感覚でいえば、そこでにおいをかぐと思いますよね。まあ、鼻の穴でもにおいは感じるらしいのですが。

でも、ヘビはおもに舌でにおいを集めて、口内にあるヤコブソン器官（上アゴの裏にあるにおいを感じる器官）でにおいを感じます。

ヘビの舌がふたつに分かれていますが、口内にはふたつのヤコブソン器官があって、そこに舌先がふれることで、においを感知することができます。

著者の体験談
トカゲの舌も

オオトカゲの仲間が進化して、手あしをなくして「進化」したのがヘビ。だからトカゲもヘビもルーツは同じなんだ。二股に分かれた舌を出し入れし、においを感じています。

ミズオオトカゲ

DATA
- **なまえ** ミンダナオミズオオトカゲ
- **大きさ** 1.8mくらい
- **分布** フィリピン

協力：トコチャンプル

2 は虫類

キリッとするどい目！

ヨーロッパアシナシトカゲ

ヘビは目がまあるくて、よく見るとけっこうかわいいのですが、ヨーロッパアシナシトカゲなどは、劇画タッチのキリッとした目がちょっとこわいですね。

DATA
- なまえ　ヨーロッパアシナシトカゲ
- 大きさ　100cmくらい
- 分布　ヨーロッパ東部　中東など

ぜんぶトカゲだよ

ヘビじゃないのにあしがない！

バートンヒレアシトカゲ

DATA
- なまえ　バートンヒレアシトカゲ
- 大きさ　60cmくらい
- 分布　オーストラリア南部　ニューギニア

ヒレアシスキンク

DATA
- なまえ　ヒレアシスキンク
- 大きさ　20cmくらい
- 分布　マダガスカル

クロスジエンピツトカゲ

DATA
- なまえ　クロスジエンピツトカゲ
- 大きさ　25cmくらい
- 分布　タイなど

四　肢（手やあし）が生えておらず、長細いは虫類というだけで、すべて「ヘビ」と決めつけていませんか？

よく見てください。ここにいるのはすべて「トカゲ」です。

あしのないヘビのような形態のトカゲには、あしが退化してなくなった「アシナシトカゲ」、うしろあしだけヒレ状のかたちで残っている「ヒレアシトカゲ」、地中にくらす「ミミズトカゲ」など、いくつかの仲間がいます。

「いやいや、ほぼヘビじゃ〜ん」なんていうツッコミが聞こえてきそうですが、ヘビはトカゲの仲間がムダを排除するかたちで進化した新型は虫類であるのに対し、アシナシトカゲたちは使う必要がなくなってあしが退化したあしのないトカゲで、進化の過程もふくめ、全然ちがう生きものなのです。

50　協力：トコチャンブル

ハートアシナシトカゲ

DATA
- なまえ　ハートアシナシトカゲ
- 大きさ　50cmくらい
- 分布　ベトナム

アラビアミミズトカゲ

DATA
- なまえ　アラビアミミズトカゲ
- 大きさ　20cmくらい
- 分布　サウジアラビア

ダンダラミミズトカゲ

DATA
- なまえ　ダンダラミミズトカゲ
- 大きさ　40cmくらい
- 分布　南米中部

ジャイアントミミズトカゲ

DATA
- なまえ　ジャイアントミミズトカゲ
- 大きさ　70cmくらい
- 分布　不明

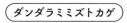

シロハラミミズトカゲ

DATA
- なまえ　シロハラミミズトカゲ
- 大きさ　70cmくらい
- 分布　ペルー　パラグアイ

ちょっとだけあしがある!

ミツユビアホロテトカゲ

DATA
- なまえ　ミツユビアホロテトカゲ
- 大きさ　20cmくらい
- 分布　メキシコ

著者の体験談

ヘビはなめらかだけど……

ヘビは体がしなやかで、するするとスマートに動く種類が多いのですが、アシナシトカゲは体が硬くて、あわてたときなんて、すごくバタバタしているイメージ。つかまえるときも、しなやかなヘビはあたまを押さえて胴体のあたりをぐっと持つだけでおとなしくなるし、扱いやすいのですが、アシナシトカゲは体が硬くておさえてもおとなしくならないものが多く、とても持ちにくいのです。

51

は虫類

ヘビのアゴは外れたりしない！

1 カエルはうしろあしに力があるのでまずそこにくらいつき……

ガブッ

ヒキガエルをおしりから飲みこんでいる！カエルの前の手だけ見えるよね。

2 こうなります

WOW!

ヤマカガシ

ちなみにネズミを食べるときは、あたまから一気に！だってネズミはそんなにうしろあしが強くないからね。

　　ヘビが自分の顔よりもはるかに大きいものを飲みこめるのは有名ですよね。あれ、アゴを外して皮ふを伸ばして、大きく口が開くと思っていませんか？　それはちょっとちがうみたいです。
　ヘビのアゴは外れません。
　じつは、上アゴと下アゴをつなぐ2本の骨と関節を、大きく開きつつもアゴが外れない構造になっているのです。
　それにくわえて、下アゴの骨は真ん中がつながっておらず、靭帯でつながった状態になっているので、その靭帯がぐーんと伸びて、無理なく大きく口を開くことができるのです。

DATA
- なまえ　ヤマカガシ　●大きさ　150cmくらい
- 分布　本州　四国　九州など

著者の体験談
ヘビの持ちかたレッスン

ヘビの口はその大きく開く構造から、へたくそな持ちかたをしてしまうと、アゴがズレて不自然な感じになりやすいのです。なのでスタジオ撮影のモデルになってもらうときなどは、顔やアゴまわりにはふれないよう気をつけ、首のあたりをすばやくさっと持ち、アゴの骨のうしろを支えるようにして持ちます。

カメレオンは、まわりにとけこむように、コロコロ体色を変化させていると思われがちですが、じつはそうではありません。紫外線で体色の濃さが変わったりはするので、まあ、1か所に長くかくれていれば、明るさや温湿度で、周囲の雰囲気にとけこんでいると感じますが。たとえば、赤い花にのれば赤に、緑の葉の上に移動したら緑、木の幹では茶色、というようなことではないのです。

カメレオンが色を変えるのは、カモフラージュというよりも、ケンカや威嚇、メスへのアピール（求愛行動）など、気分しだいで色が変わっているようです。

DATA
- なまえ　パンサーカメレオン
- 大きさ　30〜40cm
- 分布　マダガスカル

上は通常パターン、下はちょっと興奮した状態。

カメレオンの色は気分しだい

パンサーカメレオン

は虫類

トカゲがしっぽを切るのは自分の意思

トカゲをつかまえてしっぽを切ってしまった経験ってありますよね。しっぽをつかまえてしまったからだと自分を責めたりもしたのではないでしょうか？

でもあれ、じつは自分の意思で切っている場合が多いのです。「自切」といって敵の目をあざむくための行動です。切れたしっぽがバタバタと暴れて注目をあびているすきに、逃げる作戦なのです。

しっぽを切り離すと筋肉がちぢむので、出血もあまりしません。再生したしっぽに骨はなく本来のしっぽとは少しちがうからかモテなくなるともいわれています。再生したしっぽには軟骨が形成されますが、「自切」は1回だけで2回目はないそうです。

そして自切ではなく切ってしまった場合は、再生されないらしいですよ。

自切をしないトカゲもいるので、その場合、しっぽを持って切れてしまっても再生はしません。

このあたりで切れていたらそれは人間のしわざかも…？

このあたりは自分の意思で切れないエリア

痛点がないから痛くはない、と思われている！

えいっ！

おとりにして切っちゃお！

「ここから」「ここらへんまで」が自切点
（切れても再生できるはんい）

このあたりで切れていたらトカゲの意思です。

WOW!

ヒガシニホントカゲ

著者の体験談
トカゲマンション

私が前に住んでいたアパートはトカゲの楽園でした。
割れた植木鉢などを組んでトカゲマンションを作ったり、隠れ家や塀に登るのにちょうどいい庭のふちに生えている雑草は抜かないようにしたり、庭で見かけたおなかの大きなメスは一度プラケースに移動させ、産卵を見守って、たくさんのチビがふ化したらまた庭にはなしたり。そんなことをくりかえしていたので、とにかくトカゲが多く、家庭訪問シーズンになると近所の子が庭向こうの空き地に集まり、うちの庭からはみ出したトカゲをねらっていたりもしました。
そのせいかしっぽの切れた個体が多かったな……。

DATA
- なまえ　ヒガシニホントカゲ
- 大きさ　20cmくらい
- 分布　本州東部

55

は虫類

アカウミガメ

ウミガメの涙のわけは……

ウミガメは満潮のときをねらって上陸し、産卵に適した場所を見つけるため砂浜を歩きまわります。いい場所を見つけられたら、うしろあしを使って器用に穴を掘りはじめますが、それでも石などのちょっとした障害で掘るのをやめて、海に帰ってしまうことも多くあります。

こうして時間をロスした場合は、その日はあきらめてしまったり、まだ満潮の時間の範囲内でしたら、近くの浜にもう一度上がってみたりします。それだけ産卵の条件は、難しいものなのです。

そして、そういった条件がそろい、やっと産卵をはじめたウミガメが、産卵中に涙を流すことは有名な話ですよね。でも、あれ、じつはただの塩分調節の涙なのでした。

DATA
- なまえ　アカウミガメ
- 大きさ(甲長)　80〜100cmくらい
- 分布　大西洋　太平洋　インド洋　地中海など

56

ウミガメの子、30度以上で女になります

そうして母ガメが苦労してやっと産卵にいたったたまごは、地熱で温められ、約2か月でふ化（たまごからかえる）します。その積算温度（トータルの温度）は1250度ということなので、地温が27度なら55日、29度なら52日、30度なら50日、という計算になります。

地温はふ化日数だけでなく、じつはオスメスの比率にも影響します。ウミガメの場合は29度がその境目で、29度ならオスとメスが半々といわれており、28度ならすべてオスに、30度ならすべてメスになるそうです。近年は地球温暖化で気温が上昇傾向にあるので、地域によってはメスばかりになる心配があるみたいですよ。

DATA

- **なまえ** アオウミガメ
- **大きさ（甲長）** 80〜110cmくらい
- **分布** 太平洋 大西洋 インド洋など

アオウミガメ

著者の体験談

ワニもそう！

温度でオスメスが分かれるという話は、ウミガメだけでなくカメ全般にいえることです。種類によって、オスメスの分かれ目の温度にちがいがあるみたいですが、多くがその境目は29度です。ちなみにワニも同じシステムでオスメスが分かれますが、なぜかスッポンは温度で左右されません。

ウミガメを観察するときは赤いライトで！親ガメは強いライトをいやがるし、チビカメたちは赤以外だと海の方向を見失います。

Matsuhashi Column 2

ヘビもトカゲもあったかい

　ヘビやトカゲには、たまごをふ化まで守り続ける種類が多くいます。なかにはとぐろをまいてたまごを包みこみ、体をふるわせ、たまごを温める種類もいるのですよ。ヘビやトカゲなどをふくむ多くの動物が、かつて「冷血動物」と呼ばれていたことがあります。その言葉が誤解され、まるであたたかい心をもたない冷血な動物のように思っている人も少なくはないようですが、今では環境に応じて体温が変化する「変温動物」と呼ぶことが周知したので、その誤解もうすれつつあるのかもしれませんね。

ヘビの多くのたまごが、ひとつひとつに分かれていなくて、くっついた卵塊の状態です。アオダイショウもこの卵塊状のたまごを、とぐろをまいてふ化まで守ります。

3章

虫類の ワォ!

気持ち悪いかもしれないけど、
もっと知ってほしいことがあるんだ!

3 虫類

プレデターみたいでしょ！

いつでもかむぞー

キバをむきだしにしている

WOW!

日本だと石垣島などにタランチュラに似た大型グモがいる。キケンだから近づくな!!

オオクロケブカジョウゴグモ

「ドクグモ」のイメージが強いタランチュラ。体が大きく、気があらいものが多く、怒ると上体を上げうでをふるい、キバをむきだしにしておそってくるので、その姿をおそろしいとは感じますが……。

じつは、ほとんどの種類で、毒性はそれほど強くありません。

大きなキバなので、かまれたらとても痛いですが、クモをむやみに怒らせなければ、その危険もないでしょう。

タランチュラの毒は「タランチュラトキシン」といって、人にはほとんど影響がないそうですよ。実際、ローズヘアタランチュラなどにかまれたことがありますが、とくに症状は出ませんでした。

でも……気をつけてね。

DATA

● なまえ　オオクロケブカジョウゴグモ
● 大きさ　35mm　● 分布　先島諸島など

60　協力：トコチャンブル

タランチュラにかまれても死にはしない

おしりの毛を うしろあしで 飛ばして攻撃する 種類もいるぞ！

スミシータランチュラ

DATA
- なまえ　スミシータランチュラ
- 大きさ　60mm　●分布　中米

オーナメンタルツリースパイダー

DATA
- なまえ　オーナメンタルツリースパイダー
- 大きさ　60mm　●分布　東南アジア

ウサンバラオレンジバブーン

DATA
- なまえ　ウサンバラオレンジバブーン
- 大きさ　50mm　●分布　アフリカ

著者の体験談
本当にこわいのは「刺激毛」

ローズヘアタランチュラにかまれたときにはまったく症状はなかったのですが……。本当にこわいのはアレルギー症状です。タランチュラと呼ばれるクモのなかには、おしりの毛を、あしでけるようにして飛ばしてくる種類がいます。その毛は「刺激毛」と呼ばれ、ものすごく痛がゆいのです。撮影でタランチュラに接したとき、この「刺激毛」を飛ばされ、首まわりなどがチクチク痛くて、かゆくて、赤くはれあがり、熱が出て、ひどい目にあいました。

61

親というのは、子を守り、成長を見守るものです。見た目が奇妙できらわれがちな虫たちも例外ではありません。むしろ少し過保護なくらいなんです。

コオイムシは、たまごがふ化するまでオスが背おって移動することで外敵から守りつづけます。サソリやウデムシにいたっては、独り立ちするまで子どもをおんぶし続けるのですよ。少し見直したでしょ？

著者の体験談
プチプチを背おった虫

生きもの好きで、しょっちゅう水辺に生きもの観察に出かけていたボクだけど、プチプチの白いのをいっぱい背おうコオイムシが苦手だった。でも、小学5年生のころかな？ メスがオスの背中にたまごをうみ、ふ化まで守るというのを知り、見る目が変わったのです。コオイムシもサソリもウデムシも、この子育ての実態を知ったら、好意を持たずにはいられないはずですよね。

ある程度
大きくなったから
サソリっぽくなって
きたぞ。

マダラサソリ

子どもが
ふ化してきた！
意外と
かわいいよ。

ひしめきあってる……

DATA
- なまえ　マダラサソリ
- 大きさ　50mmくらい　●分布　先島諸島など

コオイムシ

DATA
- なまえ　コオイムシ　●大きさ　20mmくらい
- 分布　北海道　本州　四国　九州

WOW!

指の上。
まもなく独立！

ウデムシ

DATA
- なまえ　タンザニアバンデットウデムシ
- 大きさ　40mmくらい　●分布　アフリカ

63

3 虫類

① まだ出る前  ② そろそろ出てきた

ダンゴムシはおなかをやぶって出てくる

DATA
- なまえ　オカダンゴムシ
- 大きさ　14mmくらい
- 分布　日本全土

ダンゴムシ

64

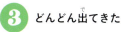

3 どんどん出てきた

最初は白っぽいね。

4 ほら、世界にようこそ

独立　子だよ

おなかから出たらもうひとりで歩きだしていく。親が世話をすることはない。

独立

子どものアイドル、ダンゴムシは丸まって身を守ることで有名ですが、コンクリートやタイルなどまったいらな場所でひっくり返ってしまうと、もとに戻れないこともあります。もし困っているダンゴムシを見たら、戻してあげましょうね。

さて、そんなかわいいイメージのダンゴムシですが、じつは繁殖のようすがけっこう気持ち悪い……。たまごはメスのあしのつけね（裏側）にある「育房」と呼ばれる膜の中に産みつけられて、ふ化するとその膜をやぶって、まだクリーム色の小さいダンゴムシがぞろぞろ出てくるのです。まるでお母さんのおなかを食いやぶって出てきているようで、知らずに見たらトラウマになるほどのインパクトです。

著者の体験談
フナムシも鳥肌もの

ダンゴムシやダイオウグソクムシなどは人気ですが、じつは磯のきらわれもの、フナムシも同じ仲間。しかも繁殖の様子もダンゴムシと同じなので、つかまえたときに、おなかから子どもがあふれ出たときには、ほんとうに鳥肌ものでした……。撮りましたけどね。

フナムシ

DATA

- **なまえ** チョウセンカマキリ
- **大きさ** 80mm **分布** 日本 朝鮮半島

なんか
モンクある?

カマキリ

バッタやカマキリとむきあうと、黒目でしっかりこちらを見つめてきて、なんだかかわいらしく思えちゃったりしますよね。

昆虫の多くは、たくさんの目が集まった複眼が2つと、単眼が3つ(甲虫など例外あり)で構成されています。単眼はおもに光を感じる目とされています。複眼は図形を認識するための目といわれていて、数千から数万の筒状の目で構成されています。それぞれ筒の先端にはレンズがあり、まあ簡単にいえば望遠鏡のようなしくみになっているのです。すべてが同じ構造の筒状の目の集まりであって、つまり、人間のような黒目はもっていないのです。

でもほら、やっぱり黒目でこっちを見てる!それはたしかですよね。そのしくみはね、こちらを見ているあたりの筒状の目だけが、まっすぐにこっちを向くのだそうです。するとこちらを見ているところだけ、筒の底が見えて、黒目のように見えるのだそうです。黒目ではないけど、そこでこっちを見ているのは事実のようですね。う〜ん……なんかすごい。

著者の体験談

虫と目をあわせない

子どものころ、虫とりに行くと虫たちと目があわないように工夫していました。だって、目があうとにげられちゃうから〜。たとえば虫にむかってななめに進み、見ていないふりをしながら近づいてみたり、逆に真正面から、もっと遠くを見ているふりをして近づいてみたり……。アホな子でしょ? でもじつはこのアホっぽいやり方で、今も虫に近づいています。

67

虫類

この白い点が耳！

WOW!

スズムシ

DATA
- なまえ　スズムシ
- 大きさ　17mmくらい
- 分布　東北以南　中国など

コオロギやスズムシは、羽をすり合わせたりして音を発しますよね。音を発するのは、威嚇のためだったり、メスへのアピールだったりと理由はさまざま。その音を発する理由に応じて音を変化させていたりと、いがいと高度なコミュニュケーションツールなのです。

あれ、でも耳ってどこにあるのだ？顔を見ても、耳らしきものがついているわけじゃないし、まったくわかりませんよね。じつはコオロギの仲間の耳は、前あしにあります。前あしのちょっと白くなっているところが「鼓膜」。

そして、トノサマバッタやショウリョウバッタなど、鳴き交わすイメージのないバッタの仲間も、ちゃんと耳があります。なぜか、うしろあしのつけねあたりにね。

スズムシはあしで聞く

DATA
- なまえ　トノサマバッタ
- 大きさ　50mmくらい
- 分布　日本全土

ここが耳だ！

トノサマバッタ

虫類

つかまえるのも
カンタンで、
身近にいるけど
けっこうキケン！

目に入ったら失明するぞ!!

ツチハンミョウ

ツチハンミョウやマメハンミョウは、威嚇のとき、黄色い体液を分泌します。この体液には猛毒の「カンタリジン」をふくんでいるので、ふれてしまうとやけどのように水泡ができるなど、皮ふ炎になるだけでなく、目に入れば失明の危険もあるといわれています。そして、もしも誤って飲みこんでしまうと、吐き気や嘔吐、下痢、ひどい場合は呼吸不全を起こし、死亡する可能性さえあるのです。その致死量は、人間の大人で0.01〜0.08ｇだそう……。なんでも口に入れてしまう危険がある幼児などでは、1匹でも十分危険なようです。

著者の体験談

あの子は忍者だったのかもな？

マメハンミョウはさまざまな植物の葉を食べるので、大量に発生していたりします。ツチハンミョウも地上をちょこちょこ歩いていて、公園などでも見る昆虫です。簡単につかまえられるのんびりやさんなので、子どもたちが出会うことも少なくはなく、気をつけなければなりません。
あるとき、幼稚園児ぐらいかな？ 小さな子が虫かごにマメハンミョウを何匹も入れて持ち帰ろうとしているのを見たときは、さすがにお母さんを呼び止め、この虫の毒について説明してしまいました。

忍者も愛用！ツチハンミョウの毒に気をつけろ！

1匹で致死量

DATA
- なまえ　ヒメツチハンミョウ
- 大きさ　20mmくらい
- 分布　本州　四国　九州

昔、中国では
その毒を生成して粉状にした、
ハンミョウ粉を
暗殺に使ったとか……。
日本でも、忍者がハンミョウ粉を
毒として利用していた
という説もあるので、
気をつけましょうね。

よくいるけど、気をつけよう

マメハンミョウ

Wow!

DATA
- なまえ　マメハンミョウ
- 大きさ　15mmくらい
- 分布　本州　四国　九州

71

蟲類

カギムシという生きものをごぞんじでしょうか？　動物界−有爪動物門−カギムシ綱−カギムシ目−カギムシ科の生きもので、ひらべったい体つきにネコバスのような丸く短いあしが無数に生えていて、体表はベルベットのようにマットな質感、チロリンッと触角が生えていて、その基部に目があります。体長は5センチくらいで、その特異な容姿は気持ち悪いと思う人も多いようです。でも、ネコバスにたとえられることもあるように、一部では「かわいい」と大人気。ペットとして飼育し、繁殖に成功している人さえいます。

見た目の奇妙さや、口のそばにある粘液線からくりだす半透明のカギムシビーム！　このビームで獲物をねらい撃ちして動けなくするためにあるらしいのですが、よく外します（笑）。

高級ベルベットのような体表

あし……。
いくつあるか
わかりませんが、
無数にあります。

ベタベタビームでのがさない!? カギムシというなぞの生きもの

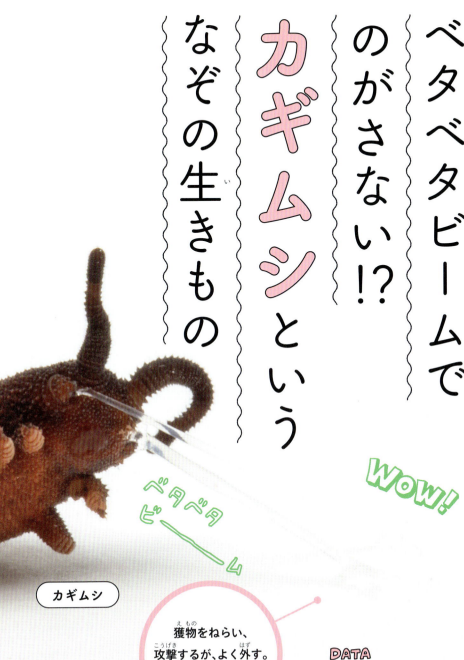

ベタベタビーム

カギムシ

WOW!

獲物をねらい、攻撃するが、よく外す。ザンネン!!

DATA
- なまえ　カギムシ
- 大きさ　5cm
- 分布　バルバドス島

協力：蛙葉堂

3 虫類

コンクリートにふくまれるカルシウムが大好きらしい。

WOW!
コンクリートうまし！

カタツムリ

虫じゃないけどここにいさせて〜

コンクリート、うまっ！カタツムリはコンクリートがお好き

雨の日に見かけることの多いカタツムリですが、アジサイなどの植物だけでなく、よくコンクリート塀にいるのを見かけます。ただの移動の過程かと思いきや！　じつはコンクリートにふくまれるカルシウムを摂取するため、コンクリートを食べているのです。

著者の体験談
葉のうらにいるかも？

探すと見つからないことで有名なカタツムリ。なんでもないときはよく見かけるのに、撮影で必要なときなどにかぎって見つからないのです。そんなときは、大きめ葉っぱの上など、いかにもいそうな場所ではなく、湿気の多い日かげ、おち葉の上や、低い位置の葉のうらを探してみましょう。

そんなにじろじろ見ないで…

DATA
- なまえ　ミスジマイマイ
- 大きさ（殻径）　35mmくらい
- 分布　関東地方など

イソウロウグモ

おじゃましてまーす。

これがホントの居候！イソウロウグモ

この巣だけで7匹もイソウロウがいたよ！

著者の体験談
知らないってこわい

イソウロウグモの存在を知らなかったころ、てっきりジョロウグモのオスだとかんちがいしていました。実際、ジョロウグモのオスはとても小さく、大きなメスの巣に居候して、交接のタイミングを待っているので、生活としては似ているのですが、よく見れば、色も形もまったくちがうクモ……。知らないというのはこわいことですね。

DATA
- なまえ　アカイソウロウグモ
- 大きさ　4mmくらい
- 分布　本州　四国　南西諸島

赤い色の小さなこのクモは、ジョロウグモやオオジョロウグモの巣に勝手に住み着き、巣にかかった虫を、その巣の主人が食べはじめると、スルスルッと近づいてきて、盗み食いをしたりしながらくらしています。すみかも食事も……まさに居候グモ。しかも、ひとつのクモの巣に、何匹も居候しているのがふつうです。ずうずうしいというか、かしこいというか、たくましいというか……。

75

虫類

飛べると信じているから飛べる？クマバチ

大 きな体でブンブン羽音をひびかせて飛ぶので恐怖心をあおりますが、じつは、攻撃性のないおとなしいハチです。

昔は航空力学的には飛べるはずのないかたちとされ、長年飛べるしくみがナゾだったことから、飛べると信じているから飛べるのだと論じられていたこともあるそうです。

現在は空気の粘度を計算に入れることで、飛行法は証明されています。

クマバチ

飛べますよ、ハイ。

DATA
- なまえ　クマバチ
- 大きさ　22mmくらい
- 分布　本州　四国

ミツバチはスプーン一杯に命をかける

ミツバチ

DATA
- なまえ　ミツバチ（セイヨウミツバチ）
- 大きさ　13mmくらい
- 分布　日本全土（外来種）

著者の体験談
ハチに刺された話

ハチに刺されたことっていい思い出ですよね。
でも、私は子どものころハチに刺されたことがありませんでした。
春から秋まで学校から帰ると、自転車にのって近所の森や沼地に生きもの探しに行ってばかりいたのに、なぜかその機会にめぐまれず。
みんながハチに刺されているのを、うらやましく思ったほどでした。
大人になって、やっとミツバチに刺されましたが、ちくっとするぐらいで。アシナガバチにも刺されましたが、少しはれるぐらいで……。
これなら、ブユやヌカカに刺されたほうが自慢になるのではないかと思うほど、軽傷におわりました。

　字にするとせつないですよね。あんなに一生懸命にミツをあつめているのに、一生かけて、たったスプーン1杯か……。毎日毎日、一生懸命働いても、オレの生涯年収なんて……と、つい自分に置きかえてしまいました。でも、ひっしにミツをあつめる時期の働きバチの寿命が約1か月で、生まれてからしばらくは、ミツをあつめに出る仕事ではないそうなので、ミツをあつめるのはだいたい20日くらいと思うと、あの小さな体でたった20日でスプーン1杯もあつめているんです。しかも、精製したハチミツがスプーン1杯ということなので、水分も含め、あつめて体にまとって持ち帰る量は、おそらくその倍以上はあるでしょう。
　なんだか逆に、すごくないですか？

Matsuhashi Column 3

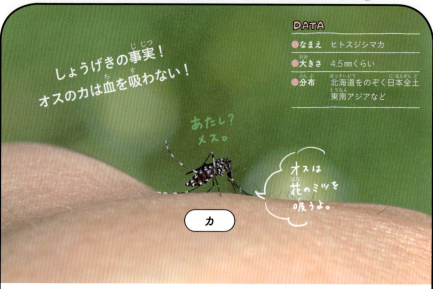

しょうげきの事実！
オスのカは血を吸わない！

あたし？メス。

オスは花のミツを吸うよ。

カ

DATA
- なまえ　ヒトスジシマカ
- 大きさ　4.5mmくらい
- 分布　北海道をのぞく日本全土 東南アジアなど

女吸血鬼、その正体はカ

　プ〜ンと羽音をたて、人のまわりを飛びまわり、吸血のタイミングをうかがっているカ。人の出す炭酸ガスとか、においなんかに反応しているのですが、とくにあしもとが好きみたいです。刺されるとかゆくて、ホントにハラが立ちますよね。
　かゆさの原因は、麻酔成分や血液凝固抑制の成分なんですよ。
　カ、ブユ、ヌカカなどなど、血を吸う虫たちの多くにいえることですが、じつは血を吸うのはメスだけなんです。産卵の栄養源にするためなんです。では、オスや血を吸わないときのメスは何を吸うの？　花のミツなどを吸うのですよ！

ヤマビルは血がとまらない！？

野外で生きものの撮影をしていて、カやブユに続き、よく被害にあうのがヤマビルです。ヤマビルはオスメス同体で、血を吸うとたまごを産むので、産卵のために血を吸うという共通点があります。ヤマビルで何がこまるって、血がとまらないことです。カと同じように、血液凝固抑制成分を注入するからなんですが、細い針状の口で吸うカとちがい、皮ふをかみ切って出血させ、それを吸うというやりかたなので、ヒルをはがすと血がとまらないのです。

ヤマビル

私の血を吸ったから、パンパンにふくらんでいます。

2章

水辺の生きもののウォ!

海や川の生きものは、
見た目も生態もフシギすぎるのです!

水辺の生きもの

タコのあたまは胴体

タコはあたまがよく、器用なので、脱走の常習犯。水槽のスキマを閉め忘れたりすると、必ずといっていいほど脱走します。水槽から出たらそこには水がなく、死ぬかもしれない、ということは教えても覚えてくれないのです……。

あたま

ここは胴体

タコ

タコは脳みそが9個もあるけど、8個はうでを動かすためのもの。

DATA
- なまえ　マダコ　　大きさ　60㎝
- 分布　アジア広域の沿岸など

タコのキャラクターイラストの多くがハチマキをしていますよね。だからかな？　いまだにあそこをあたまだと思っている人も多いようです。

しかしあそこは胴体。あたまは目のあたりのくびれ部分になります。そして、頭部にはタコチューのイメージのような前に飛び出した口はなくて、口はあたまの真下。うでのつけね中央にあります。つまり大きなまあるい胴体の下にあたま、そして、あたまからうでが生えている、という構造です。

かわった構造のように思えますが、それにはわけがあるようですよ。まず、大きな胴体にはもちろん、消化器官などの内臓がありますが、じつは心臓が3つもあるのです。ひとつは他の動物と同じで、血液のポンプ役としての心臓。あとのふたつはエラに配置されていて、瞬時にうでを動かすとき、大量に消費する酸素を供給するためのものだそうです。

そして、もうひとつおどろきなのは、脳みそが9個もあるらしいのです。ひとつは、脳みそ（大脳）。あとの8個は……数から想像がついた人もいますよね。そう、うでのつけねにそれぞれ配置されている、神経中枢の集まりなのだそうです。つまり、大脳からの指示をうでの脳が伝達するので、それぞれのうでが独自に判断して動く、ということだそうです。

つまり、脳も心臓も、うでをうまく動かすためのものといっても過言ではない、うで中心の体の構造なのです。

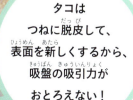

**タコは
つねに脱皮して、
表面を新しくするから、
吸盤の吸引力が
おとろえない！**

著者の体験談
天才タコ伝説

タコはあたまがいいだけでなく、目もすごくいいので、人の行動を見てマネをすることができます。一度やりかたを見せるだけで、自ら器用にフタを開けてエサを取り出したりというのは有名な話ですよね。飼育していても、いつも同じ場所、水槽の角などからエサをあげると、飼い主が水槽に近づいただけで、その場所からうでをちょいと出し、「エサでしょ」という顔でこちらを見ていたりしてかわいいのですよ。

協力：鳥羽水族館

水辺の生きもの

ウニ

え、これが あしだったの？

DATA
- なまえ　ムラサキウニ
- 大きさ（殻径）　5cm
- 分布　日本各地の沿岸

ウニ

ウニにはトゲトゲのあしが無数に生えている？　マヒトデには5本、ヤツデヒトデには8本以上のあしがあると思っていませんか？

実際、器用に動くし、あれで歩いているようにも見えるのですが、じつは移動のためのいわゆる「あし」ではないのです。

本当に歩くあしは「管足」といって、ウニはトゲの間から、ヒトデは裏面から、小さなあしが無数に出てきて歩くのです。

DATA
- なまえ　カワテブクロ
- 大きさ（体の中心から腕の先まで）　8cmくらい
- 分布　日本では奄美以南

あし太っ！

ヒトデ

ちなみに うではここ

DATA
- なまえ　イトマキヒトデ
- 大きさ（体の中心からうでの先まで）　5cmくらい
- 分布　日本各地の沿岸

水辺の生きもの

5年食べなくてもだいじょうぶ ダイオウグソクムシ

クールでイケメン！
ラスボス感
あるよね。

深 海や極寒の地に住む生きもののなかには、長いことエサを食べなくてもあまり問題がないものが少なからずいます。まず、代謝が少なく、動きも最小限なことでエネルギーを使わないことが理由ですが。飼育下では自然界ほどきびしい条件ではないですし、光も届きますが、あるていど食べてくれないと心配ではありますよね。ダイオウグソクムシは「深海の掃除屋」と呼ばれ、海底に沈んできた魚の死がいなどを食べますが、きわめて小食で、飼育下のダイオウグソクムシを見ていると、シェルターにあたまから入って何日も移動さえしません。エサをあげればときどきは食べるようですが、まああまり反応がない場合が多いのです。

ダンゴムシやフナムシに近い生きもの。そういえばかたちも似てるよね。

ダイオウグソクムシ

食欲ぜ〜ろ〜

海底にある魚の死がいなどを食べるから「深海の掃除屋」ともいわれます。

著者の体験談
5年ぶりに食べたらニュースに

ダイオウグソクムシが5年ぶりにエサを食べたというニュースを見たとき、食べたと喜ぶべき報道なのにもかかわらず、代謝があがって体調をくずさないかな？　とかえって心配に思ってしまいました。

DATA

● なまえ　ダイオウグソクムシ
● 大きさ　30cmくらい
● 分布　メキシコ湾など

協力：鳥羽水族館

85

水辺の生きもの

おくびょうな ピラニア

ピラニア

ドアを開けたり、人が水槽の前を通るだけで、ビクッとする。

DATA
- なまえ　ピラニア・ナッテリー
- 大きさ　30cmくらい
- 分布　アマゾン川など

著者の体験談
ちょ〜ビビり？

子どものころからいろいろな身近な生きものをつかまえては飼育してきましたが、はじめて飼育した熱帯魚はピラニア・ナッテリーでした（たしか小5のとき）。部屋に水槽を置いちゃったらずっとながめて勉強しないからと、水槽は玄関の下駄箱の上に置くことが条件でね。ワクワクしながらペットショップから連れてきて水槽にいれて、も〜うれしくてうれしくて、玄関に置いた意味がないほどずっとながめていました。でも、人通りの多い玄関では、人が通ったり、電気がつくたびにおどろいて水槽にぶつかるので、かわいそうになり、親を説得し、なんとか自分の部屋にうつしたのでした。

アマゾン川に落ちたらピラニアに食われる？　そんな人食い魚のイメージが強いですよね。実際に血のにおいなどに敏感で、興奮状態になると群で動物におそいかかり、するどい歯で引きちぎるようにして獲物を食べるので、イメージどおりといえばそのとおりなのですが〜。じつはとってもおくびょうな一面を持ったかわいい魚なんですよ。

おくびょうであるがゆえに？　同じくらいの大きさのものが集って群れる習性があり、大きな移動をすることもなく、同じ水域にとどまって生活しています。ね、ちょっとかわいいでしょ。

光るクラゲ 自分では光っていない？

クラゲのなかには、まるでネオンライトのようにキラキラと光るものがいます。でも、このクラゲ、自ら発光しているわけではないのです。この仲間は、「櫛板」と呼ばれる繊毛を波うつように動かして泳ぐのですが、その繊毛に光が反射して光っているだけなのです。

光るしくみをもつオワンクラゲは発光タンパク質をもっていて自力で発光したり、チョウチンアンコウのように、発光バクテリアを共生させることで発光したりなど、自ら光る生きものもたくさんいます。

このあたりが「櫛板」とよばれるところ。ここを使って自由にうごく。

クラゲ

ゆら〜り

DATA
- なまえ　カブトクラゲ
- 大きさ　10cm
- 分布　日本近海

協力：鳥羽水族館

水辺の生きもの

もうあともどりできないけど、ボクはメスになる！
カクレクマノミ

カ クレクマノミは、某映画でとっても人気になりましたね。イソギンチャクと共生関係（共に生きる）にあり、イソギンチャクの触手に耐性があることでも有名ですが、性別についてもおもしろい特徴があります。

じつは、クマノミの性別はちゃんと決まっていないのです。まず、一緒にくらす個体群のなかで、1番大きな個体がメスになり、2番目に大きい子がオスになり、繁殖します。そしてなんと、1番大きなメス個体が死んでしまうと、2番目だったオス個体がメスに性転換し、次に大きな個体がオスになります。すごいでしょ。

ボクらはまだチビだから、オスでもメスでもないんだ！

DATA
- **なまえ**　カクレクマノミ
- **大きさ**　20cmくらい
- **分布**　日本では奄美大島、沖縄など

カクレクマノミ

シオマネキのきき手

DATA
- なまえ　ベニシオマネキ
- 大きさ（甲幅）　1.5cmくらい
- 分布　亜熱帯　熱帯の海

どちらもオス。メスのハサミは大きくない。

ぼく、左きき

じつはオスのこの大きなハサミは、種類によって右左どちらかが決まっていないのです。同じ種類なのに、右ききなのと左ききなのが混在しています。

シオマネキ

ぼく、右きき

片方のハサミだけが巨大な、シオマネキ。潮の引いた干潟で、「早く潮満ちてこ〜い」と、まるで潮を招いているように大きなハサミをふるので、「シオマネキ」と呼ばれます。このハサミを大きくふるしぐさは「ウェービング」と呼ばれ、オスがメスにアピールする求愛の行動です。つまり、片方のハサミが大きいのはオスだけ。メスのハサミは大きくありません。

著者の体験談
右きき、左ききの差

右ききと左きき、どちらが多いのか興味を持ち、オキナワハクセンシオマネキで少し観察してみました。ほんの数日撮影しながら見たかぎりでは、右ききが少し多いようでした。ボクシングや野球のピッチャーなどでは、左ききが有利ということもありますが、ケンカの様子を見ていても、どちらかが有利ということもなさそうだし、あまり意味はないようですね。

89

水辺の生きもの

海の最強ボクサー モンハナシャコ

このまんまるの目、人間には見えないものまで見えている！

キラーン

このへんにある捕脚からすごいパンチをくりだす！

協力：鳥羽水族館

カ ラフルな体色といい、飛び出た目といい、カッコいい、というよりも少しこわいイメージをもってしまうモンハナシャコですが、じつはそのとおり脅威のパンチ力をほこる、海の最強ボクサーなんです。

本来、「捕脚」を高速で打ち出し、エサである貝などを割るための能力ですが、そのパンチ力はプロボクサーの倍の速さ（時速約80km）といわれていて、貝割るために必要か？　と疑問に思うほどの力です。

そして、もうひとつスゴいのは目。この飛びでた目は、驚異の視力を持っているといわれていて、人間の10倍の色の識別ができるなど、人間には見えないものまで見えているらしいのです。

著者の体験談

のがしたスクープ

じつは、この驚異のパンチ力を撮影しようと、モンハナシャコやその他のシャコを飼育した経験があります。デジカメなどなかった当時、フィルムカメラで一か八かタイミングを合わせてシャッターを切るという、ちょーアナログな撮影方法で試してみたものの、うまく撮影できませんでした。かさむフィルム代に悩んでいたとき、貝ではなくガラス水槽を割られて撮影をあきらめました……。

人間でいうところのバタ足のジャンプ力はすごい！しなやかでかれいに、水中を自由自在にうごきまわる。

モンハナシャコ

DATA

● なまえ　モンハナシャコ

● 大きさ　15cmくらい

● 分布　東南アジアインド洋など
日本では相模湾以南

水辺の生きもの

魚なのに水に入るのが好きじゃない？ミナミトビハゼ

プハーッ

ミナミトビハゼ

水をふくんで呼吸中

マングローブ林などに生息するミナミトビハゼは、水際の砂地やマングローブの根元など、ほぼ陸地にいます。もちろん、魚なので、まるっきり陸地では干からびてしまうため水から遠く離れることはないのですが、基本は陸上にいます。おどろいて逃げるときなどは水に飛びこみますが、またすぐ陸地に戻ってきます。

ピョンピョンはねるようすも合わせて、両生類のような魚ですよね。魚なのになぜ、陸に長くいられるかというと、エラ呼吸よりも皮ふ呼吸の能力が高いからです。エラ呼吸の割合は30パーセント以下、皮ふからの酸素摂取が呼吸全体の70パーセント以上を占めているらしく、エラ呼吸も、口にふくんだ水からエラから酸素を取りいれる方法なので、浅ーい場所でいいみたいです。

DATA
- なまえ　ミナミトビハゼ
- 大きさ　約22mm
- 分布　東南アジアインド洋など
　　　日本では相模湾以南

ペットにする人も
多いけど、
長い期間、飼育するのは
けっこうむずかしい。

魚だけど、
エラ呼吸よりも
皮ふ呼吸が
とくい。

93

水辺の生きもの

細 長く、砂地から生えているかのように
ユラユラ揺れるようすは、まさに珍！
しかし、チンアナゴの名前の由来って、珍
アナゴではなく狆アナゴなんですよ。狆？
最近あまり見なくなったので、ピンとこない
ですかね？　中国犬の狆ですよ。その狆に顔
が似ていることが、名前の由来なんです。

チンアナゴ のチンは
珍じゃなくって狆（イヌ）

チンアナゴ

ときどき外に出て
泳いでいるチンアナゴは、
縄ばりあらそいで負けて、
追いだされただけ……。
かわいそうにね。

この角度が
イヌの狆に似てる
そうだけど、
どう？

DATA
- **なまえ**　チンアナゴ　　**大きさ**　35cmくらい
- **分布**　日本では高知から沖縄

94　協力：大洗水族館

クリオネ

かわいい顔して本気出すとこうなります

DATA
- **なまえ** ハダカカメガイ
- **大きさ** 2〜3cmくらい
- **分布** 日本ではオホーツク海など

6本の触手でえものをとらえようとしているスゴイ瞬間！

オリャー

クリオネ

捕食シーンがホラー映画のようにこわいんです。

北海道沿岸の海でも見られる巻貝の仲間です。和名のハダカカメガイの名前のとおり、成体は殻などはもたず、裸。飛ぶようにふわふわ泳ぐしぐさがかわいいと、一躍人気者になった通称クリオネですが、あわせてその捕食シーンがおそろしいことも話題になりましたよね。

クリオネのエサになるのはミジンウキマイマイという浮遊性の巻貝で、このにおいをかぐだけで、あのかわいいクリオネが豹変します。あたまから6本の触手を出して、においのほうにおそいかかるのです。

見た目はかわいいな〜。でも……

協力：アクアマリンふくしま

水辺の生きもの

イワシの体はセンサーつき？

イワシのセンサーは、これだ！ただのもようじゃないんだね。

DATA
- なまえ　マイワシ
- 大きさ　20cmくらい
- 分布　沖縄をのぞく日本全国など

協力：大洗水族館

イワシ

著者の体験談

イワシおいし！

イワシといえば、焼いても煮てもおいしく、日本の食卓に欠かせない魚ですよね。わが家でもイワシを圧力鍋で煮て、骨までおいしくいただきます。マイワシはしっかり骨までやわらかくなるのですが、ウルメイワシはいくら煮ても骨が残るような気がします。あ、くだらない情報でごめんなさい(笑)

水族館ではイワシのショーが人気ですよね。

でも、あんな大きな群で、しかも猛スピードで泳いでぶつからないの？ 「弱し」からイワシになったとされるぐらい体表のウロコが弱い魚なので、心配になりますよね。

でもじつは、体側にあるスポットもようが「側線器官」というセンサーになっていて、目と耳に加え、側線器官で周囲の状況を確認しているので、仲間とぶつからずに泳ぐことができるのです。

97

Matsuhashi Column 4

ヨコジマ

DATA
- なまえ　オヤビッチャ
- 大きさ　20cm
- 分布　日本 オーストラリアなど

DATA
- なまえ　キヌバリ
- 大きさ　15cm
- 分布　北海道から九州

（オヤビッチャ）

（キヌバリ）

ヨコジマはタテジマ、タテジマはヨコジマ 魚のもようの話

魚のしまもようは、魚を立てて考えてみてください。

つまり、ふつうに泳いでいる姿がタテジマだったら、それはヨコジマ。ヨコジマだったら、タテジマということになります。

タテジマ

（チョウチョウウオ）

（カゴカキダイ）

DATA
- なまえ　チョウチョウウオ
- 大きさ　20cm
- 分布　千葉から沖縄

DATA
- なまえ　カゴカキダイ
- 大きさ　20cm
- 分布　日本の沿岸など

98

5章

カエルのワォ!

カエルがきらい？
いみがわからないよ〜。
もっとカエルを知ってほしい！

5 カエル

カエルはおなかで水を飲む

よく海外の
おみやげやさんに、
カエルのさいふってありますよね。
あれはこのカエル。
ぶあつい皮ふがある
迷惑外来種の末路かもね。
だれが買うんだろ？

オオヒキガエル

ゴクゴク…

WOW!

DATA

● なまえ　オオヒキガエル　●大きさ　15cmくらい
● 分布　日本では石垣島や小笠原諸島など

た まご〜幼生（おたまじゃくし）期を水中でくらし、変態と同時に上陸し、陸地も生活の場になるのですが、多くの種類が乾燥に弱くて水に依存してくらします。

でも野外環境はきびしく、長い間雨の降らない時期もありますよね。そんなときに雨が降ると、多くのカエルが道路に出てきます。なぜかというと、乾いた大地は水をすばやく吸いこんでしまいますが、アスファルトにはしばらく水たまりができるからです。

そんな浅い水たまりでは水が飲めないのではと思うでしょ？　じつはカエルは口で水をグビグビごっくんと飲むことはなく、皮ふから浸透吸収するのです。しめった道路におなかをピタッとくっつけて、水分を吸収しているのです。

著者の体験談

死んでも水を飲むぞ！

南西諸島などではカエルは冬眠しないので、1年中見ることができますが、雨が降らない日が続くと、まったく姿を現さなくなることがあります。そんなとき、夕立などがあると、車でひかずに走るのが困難なほど、カエルがいっせいに道路に出てくるのです。水分補給のためピタッと道路におなかをくっつけて、「死んでも水を飲むぞ！」という意気ごみが伝わってくるほど。逃げてくれないので、雨の夜にはゆっくり気をつけて、カエルにやさしい走りを心がけましょうね。

あー のどがかわいた…

リュウキュウカジカガエル

カエル

5 カエル

カエルって目がいいのに目が悪い

カエルはハエやバッタなどなど俊敏に動く虫などをつかまえるので、目がいいと思われがちですが、じつは動くものをとらえるのに特化しているので、止まったものは見えていないそうなんです。止まったものの認識ができず、動くものしか見えないことでエサをピンポイントで認識し、すばやく反応して、獲得するのには有利に働くようです。

視力がよくはっきり見えているとか、悪いのでぼんやりしか見えないとか、そういう、人間が思うピント調整的な目がいいということにはあてはまらないということですね。そして、暗がりでの視覚に適した性質をしているので、暗がりでも色認識ができるともいわれています。視力がいいとか悪いというのは、カエルにはあてはまらないようですが、人間は暗所では色の認識はできないので、そういう意味ではカエルは目がいいともいえますね。

おいしー♡

WOW!

DATA
● なまえ　ソバージュネコメガエル
● 大きさ　7㎝くらい
● 分布　南米　アルゼンチンなど

ソバージュネコメガエル

コオロギを、手でかきこむように食べているシーン。かわいいけど、ちょっとこわい？

もう1ネタ なんでも口に放りこむ

カエルの多くはエサとなる小動物が射程距離に入ると、とりあえず大きな口をぱかっと開けて、粘性のある短い舌をちょこっと出し、えものを舌でくっつけ逃げようとするのを防ぎつつ、パクッと食いつきます。しかし、野外ではエサとなる虫にであうことはそれほど多くないので、動くものならなんでも飛びついてしまいます。エサでないもののときは、「オエ〜」と迷惑そうに手でかき出すようにして吐きだします。

モウドクフキヤガエルの毒はあなどるな

ヤドクガエルは、およそ3種類の神経毒をもっています。原住民がヤドクガエルの毒を抽出し、ヤリにぬってえものを射ったことから、ヤドクガエルと名づけられました。なかでも、モウドクフキヤガエルのもつパトラコトキシンは猛毒で、大型動物さえ殺せるといわれています。

毒はおもに背中などの皮ふにありますが、その毒は自らつくるものではなく、食べものに由来します。毒のあるムシなどを食べることで蓄えられるものなので、飼育下でショウジョウバエやコオロギなどを与えられ続ければ、毒性は弱まることが知られています。

カエルが人をおそうことなどありえませんから、あまりおそれる必要はないのです。

> さわっただけで死ぬとか、毒を飛ばすとか、いろいろなうわさを耳にしたことがありますが、じつはヤドクガエルの毒って体内に入らなければあまり問題はないです。

背中に毒アリ

モウドクフキヤガエル

DATA
- なまえ　モウドクフキヤガエル
- 大きさ　5㎝　分布　コロンビア

著者の体験談
ペットにもなるよ！

ヤドクガエルは飼えます！　近年日本でペットとして売られているもののほとんどが、野生ではなく、国内外での繁殖個体で、そもそも毒性のあるムシを食べたこともありませんから、まったく問題ありません。ヤドクガエルにかぎらず、カエルの皮ふは乾燥を防ぐために、分泌物には毒性があって、さわったとき手に傷などがあればピリピリと痛みますし、その手で目なんて掻いてしまったら、半日は目が開けられないほどの痛みにおそわれます。カエル全般に、あつかいにはよく気をつけましょう。

協力：Kawa zoo　103

5 カエル

子孫を残すために醜く変化するカエルたち

通常の状態

タゴガエル

ビロビロになった皮ふ

繁殖期

DATA
- なまえ　タゴガエル
- 大きさ　3〜5cmくらい
- 分布　本州　四国　九州

カエルって、みなさんのイメージほどは水の中にはいないものなのです。

ヒキガエルは、繁殖期以外は森など陸地中心の生活ですし、アマガエルだって多くの時間は草の上にいます。しめった環境の近くにいるとはいえ、水中に長くいることは少ないのです。

1年でもっとも水に依存するのは、産卵の時期。繁殖期になるとメスを待つため、産卵のためなど、水中に長くいます。皮ふ呼吸で水中の酸素を多くとりいれる必要があるので、皮ふの表面積を増やすために、あしや背中の皮ふが肥大化し、ビロビロとヒダのようになるのです。見た目だけでなく、肌の質感まで変わるのですよ。

著者の体験談
私もカエルに変身

毎年カエルの繁殖期には、雨や気温などさまざまな情報を集め、撮影に備えます。そして、いざ撮影に向かうときは、胸まである「胴長」という服を着て、ヒダヒダのビロビロに……。まあ、私もカエルの繁殖期には、水辺生活に適した格好に変化するともいえるでしょう。

なかには繁殖期にこんなにブヨブヨになる子も……！

WOW!

104

グラスフロッグと呼ばれるカエルたちがいます。

中南米に生息するアマガエルモドキの仲間たちをさす俗称です。体長2〜3センチしかなく、昼間は葉っぱにしっかりくっついていて、夜になると活動します。

なぜ、グラスフロッグと呼ばれているかというと、それはおなかから見るとわかります。

そう！ 皮ふがうすく内臓がすけて見えるからです。

それにしても、なぜおなかが透明なのでしょう？

敵に発見されにくいため、という説もあるけれど、おなかから見ると透明だというだけで、背中から見ればふつうのカエル。葉っぱにくっついて背中が見える状態でも、まったく見つからないほどかくれるのは得意です。おなかが透明だから発見されにくいというのはむりがあるように感じます……。が！ 透明で内臓が見える、なんてまあ、理屈ぬきにおもしろい生きものですね。

内臓がすけて見える グラスフロッグ

グラスフロッグ

wow!

展示している水族館などもありますが、うまくガラスにくっついてくれないと、なかなか見られません。

まるで置きもののようにキレイだな。

DATA

- なまえ　アマガエルモドキ（グラスフロッグ）
- 大きさ　3cmくらい　● 分布　中南米など

協力：Kawa zoo　105

5 カエル

皮ふを切りさきズバッと生えるカエルの変態

カエルの幼生（オタマジャクシ）は成長し、体が大きくなると、あしが生えそろい上陸して、カエルの姿に変身します。それを「変態」といって、水中から陸上の生活に変化するため、見た目の変化だけでなく、エラとハイの混合呼吸から、ハイ呼吸中心に、乾燥に強い皮ふに、おちょぼ口から大きな口に……など、体の構造が大きく変わる、たいへんな時期なのです。小学生のときに理科でも学ぶことなので、みなさんごぞんじですよね。

まず、小さなうしろあしが生えてきて、徐々に大きくなりますが、前あしってどうやって出現するか知ってますか？　うしろあしみたいに小さな前あし、見たことないですよね。

その秘密は、皮ふの下で成長してくる前あしは、生えてもいい前あしが完成すると、もぞもぞぐりぐりと動き始めます。そして……皮ふを突きやぶるようにして、ズバッと突然出てくるのです。ちょっとこわいですよね。

① もうすこしだ……

アマガエル

106

もう1秒 おちょぼ口からがま口に

コケガエル

オタマジャクシのときにはコケなどをこそぎ落とすのに便利なおちょぼ口をしていますが、カエルになると小動物を丸のみにするため、大きながま口に変化します。そのおちょぼ口ががま口に変わるようすも、なかなかおもしろいですよ。まず四肢（手とあし）が生えそろったころから、口が少し横に広がってきます。そこからは日を追うごとに、カエルの姿に近づいていき、あくびのような行動をくりかえすようになります。徐々に、口が裂けたように大きくなっていきます。その変化を見てください！

3 ハイ、カンペキ！

2 一気にズバッと生える

ズバッ

ここに注目！

トウキョウダルマガエル

Wow!
ズバッ

カエルの「変態」の
決定的瞬間を
撮った！！

107

Matsuhashi Column 5

アイフィンガーガエル

カエルの生命力たくましいぞ

先島諸島でカエル探しをしていると、アイフィンガーガエルが産卵しそうな洞のある木が減っているように感じます。実際、何年も同じ木の洞を観察していましたが、公園整備のため切られてしまいました……。しかも、洞には水が適度にたまっている必要がありますから、条件はけっこうきびしいのです。そこで！ いまどきのアイフィンガーガエルの親たちは、バケツで育児をすることを覚えたようです。カエルは、環境がととのわないと減ってしまう弱いイメージがあると思いますが、少しの環境変化ぐらいで絶えはしないのです。

カエル流子育て

カエルの多くは、繁殖期をむかえると水辺に集まり、メスの背にオスがのっかり、両脇をしっかり押さえこむようにして抱きつき、メスが産卵すると同時に、オスがあしをコネコネしながら受精させていきます。そして、ほとんどの種類で産卵がおわった親ガエルたちは、そのままその場を離れ、卵塊（そのとおりたまごのかたまり）はそのまま水中でふ化し、それぞれがひとりで生きぬいていくものなのですが、じつはふ化まで見守る母性あふれるカエルが存在します。それは、日本の先島諸島に生息する「アイフィンガーガエル」という小さなカエルです。

アイフィンガーガエルは水のたまった木の洞で産卵をし、上陸までを過ごします。しかし小さな洞ではエサの確保が難しいですよね。そこで、アイフィンガーガエルのメスは、エサとなる無精卵を産みにくるのです。その無精卵をエサにオタマジャクシたちが育つので、上陸までの約1か月の間、何度かたまごを産みにくることが確認されています。

6章

鳥類のワォ！

見てるだけでしあわせになれる
自由な鳥たちの世界

離婚率3％？ペンギン夫婦

繁殖期には同じペアを組む場合が多いことや、浮気相手への執拗な攻撃などなど、ペンギンの愛憎劇はマスコミでもよくとりあげられるので、ごぞんじの方も多いと思います。

なかでも、マゼランペンギンは夫婦のきずなが強く、その離婚率は3パーセントともいわれています。水族館でも見事ペアになると、夫婦の個室が与えられる場合が多く、そこには単身者は立ち入り禁止です。まるで人間のよう（笑）。産卵、抱卵、子育てまでを、安心しておこなうための措置ですね。

あら、こんばんはー

おとなりさんにあいさつしなきゃ。

wow!

夫婦だけにあたえられる個室。夕方の帰宅のようすです。

DATA
- なまえ　フンボルトペンギン
- 大きさ　65cmくらい
- 分布　チリ　ペルーなど

あたしたちずっといっしょ！

だよねー

ペンギンの声は太くて、とっても大きいよ！

フンボルトペンギン

著者の体験談
ペンギンに寄りそうということ

飼育員時代、先輩飼育員さんが、フンボルトペンギンの人工哺育に奮闘していました。まだ、国内での繁殖などのデータも少なく、海外の論文などを参考に、たまごをふ卵器にいれ、どのくらいの頻度で転卵するかなど、手探りで日々データをつけ、かえったヒナには、すりつぶした魚を、日に何度もシリンジで与えるなどなど……。水族館って、みなさんにその生態を見せるだけでなく、種の保存も大切なお仕事なんですよ。

協力・大洗水族館

6 鳥類
ちょうるい

あれ、なんだっけ、あのほら…

ダチョウ

脳みそが目よりも小さいダチョウ

WOW!

ダチョウって、目がつぶらで、とってもかわいいと思いませんか？視力もすごくよくて、10キロ先まで見えちゃうらしいのです。しかも、体高2メートルくらいで100キロを超える地上最大の鳥なのに、時速60キロというスピードで、1時間以上もその速度で走れるらしいのです。飛ぶことをやめ、走ることに特化した、すごい生きものですよね。

でも……そういったダチョウのすごさよりも、なぜか近年、脳みそが小さいということばかりがとりあげられていますよね。ダチョウがやけに好きなので、とても遺憾に思っております。

さて、その脳みそですが、残念ながら本当なんです。脳みそ、40gしかないんですって。目玉が60gあるんですって（どおりでかわいいですよね）。で、実際にとっても忘れっぽいらしいのです。

著者の体験談
仲間を忘れる

あるとき飼育員さんに聞いた話。ダチョウって、荒野の草原などで群を作ってくらしているけど、群同士のケンカなどで交わってしまうと、もうもとの群の仲間が識別できなくて、メンバーが入れかわってしまったりなんてことが、ふつうにあるらしいのです。それもふくめてかわいいですね。そんなふうに生きれたら、自由でステキだ！

脳みそ40g、
目玉60gです！
でもかわいいよね！

いやなことも
ぜんぶ忘れて
ザ・自由！

DATA
- なまえ　ダチョウ
- 大きさ　200cmくらい
- 分布　アフリカ中南部

協力：アドベンチャーワールド

オ カメインコはオウムです。モモイロインコもオウムです。ヨウムは名前がまぎらわしいけど、インコです。コンゴウインコは大きくって、なんだかオウムっぽいけど、インコです。

簡単にいってしまえば、「冠羽」がついているのがオウムで、ついていないのがインコなのですが、大きさや派手さなど、イメージがまざってわかりにくい感じになっているだけですね。

インコは、あたまがつるんとまあるくて、あざやかなカラーリング。そして小型のものが多い。オウムはあたまに冠羽があって大型。色彩は地味なもののほうが多いみたいです。ややこしいのはほんの数種類で、じつはそんなにややこしくはないのです。

さらに、インコは330種類もいるのに、オウムは21種類。圧倒的にインコが多いというのも、覚えておくといいですね。

オウム

モモイロインコ

DATA
- なまえ　モモイロインコ
- 大きさ　35cmくらい
- 分布　オーストラリア

インコ

ヨウム

DATA
- なまえ　ヨウム
- 大きさ　33cmくらい
- 分布　アフリカ中西部

インコ

ルリコンゴウインコ

DATA
- なまえ　ルリコンゴウインコ
- 大きさ　80cmくらい
- 分布　南米

著者の体験談
オカメインコがよくないね

だいたいこの問題をややこしくしたのは、オカメインコですよね。オカメインコは人気種で、飼育している人も多いけれど、その多くが生きものに詳しいわけではなく、オカメインコ好きなのです。そういう人にとっては、どっちでもいい話ですものね。

知り合いに、オカメインコを長く飼育していたおばさまがいましたが、ずっとインコちゃんと呼んでいて（たぶんそれが名前だったのでしょう）、「オカメインコってインコじゃなくてオウムだなんて、わけのわからないこという友達がいてねー」って話してたなー。

鳥のひざ、じつはかかと？

サギなど、大きな体であしの長い水鳥などを見ていると、「あ、ひざが逆に曲がってる！」って思いませんか。でもあれ、じつはかかとです。ひざは体のつけねあたり。人間でいうところの、あしのつけねからひざにあたる骨「大腿骨」は、体の中にあるというと、わかりやすいでしょうか？

DATA
- なまえ　アオサギ
- 大きさ　90cmくらい
- 分布　アフリカ　インドネシア　日本　など

アオサギ

見えてないけど、このあたりがひざ！

wow!

フラミンゴがピンクなわけ エサとアブラ

フラミンゴ

DATA
- なまえ ベニイロフラミンゴ
- 大きさ 130cmくらい
- 分布 カリブ海沿岸

金魚もエサで赤い？
色揚げ効果といえば、金魚のエサにも、赤があざやかになるように、スピルリナを配合していたりしていますが、フラミンゴの食べている藻もスピルリナなので、鳥も魚も色揚げ効果は同じなんですね（笑）

大 きな群でくらすフラミンゴ。ピンク色の羽があざやかですが、フラミンゴは生まれつきピンクなわけではないのです。

　羽のピンク色はエサ由来で、エサとなる藻やプランクトン、エビにふくまれるβカロチンや、カンタキサンチンによるものです。動物園では、藻など自然のエサを確保することはできないので、配合飼料（ペレット）を与えますが、そのエサにも色揚用の成分βカロチンなどを配合して、ピンクを維持できるようにしているのです。

　さらに、羽の手いれに使う「尾脂腺」から出る油にも赤色色素がふくまれているので、くちばしで羽に油をぬり、手いれすれば、赤い色素をぬっているようなものなんですね。

協力：アドベンチャーワールド

ツバメが低く飛ぶと雨といわれていますね。そのわけは、雨が近づき、湿度があがったり雨が降ったりすると、エサとなる虫があまり高く飛ばないからです。実際観察していると、はれた日には、上空で何匹ものトンボをつかまえていたりしますが、小雨のときなどは、低く飛んで青虫などを食べていることが多いのです。つまり、「ツバメが低く飛ぶと雨」は、わりと本当といえるでしょうね。

DATA

- なまえ　ツバメ
- 大きさ　17cmくらい
- 分布　夏鳥として日本全土で見られる

著者の体験談

ツバメが軒先に巣を作るわけ

本州に、初夏になるとやってくるツバメ。店先や民家、駅でもビルでも、巣を作りやすい軒先を探して飛びまわり、ときには車庫や家の中にまで入ってきて巣を作りますよね。ツバメはなぜそれほど人をおそれず、こんなにも人の近くに巣を作るかといえば、ヘビやそのほかの敵が、人をおそれ、巣に近づいてこないからです。つまり、人に守ってもらうために、人がいるところに巣を作っているといえるのです。

それにしても、巣を作られちゃうとシャッターを閉められなくなっちゃったり、フンで汚されたりしますよね。いろいろ迷惑なのに、巣を排除せずそのままにしているお宅やお店を見ると、それだけでいい人と思ってしまうこと、ないですか？　ツバメはそんな人の心理を、うまく利用しているといっても過言ではないですね〜。

ヘビこなくてラク〜

人がいるところにヘビはこないから人の多いところに巣をつくります。

6 鳥類

DATA
- なまえ　オシドリ
- 大きさ　40cmくらい
- 分布　日本　中国　朝鮮半島など

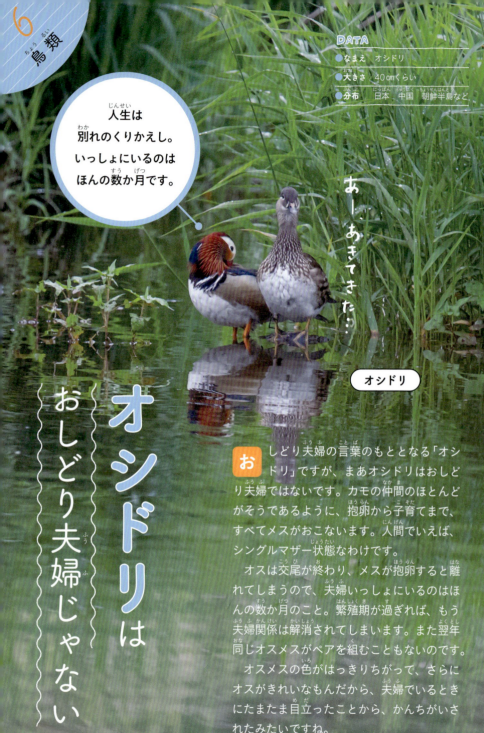

> 人生は別れのくりかえし。いっしょにいるのはほんの数か月です。

あー、あきてきた…

オシドリ

オシドリはおしどり夫婦じゃない

おしどり夫婦の言葉のもととなる「オシドリ」ですが、まあオシドリはおしどり夫婦ではないです。カモの仲間のほとんどがそうであるように、抱卵から子育てまで、すべてメスがおこないます。人間でいえば、シングルマザー状態なわけです。

オスは交尾が終わり、メスが抱卵すると離れてしまうので、夫婦いっしょにいるのはほんの数か月のこと。繁殖期が過ぎれば、もう夫婦関係は解消されてしまいます。また翌年同じオスメスがペアを組むこともないのです。

オスメスの色がはっきりちがって、さらにオスがきれいなもんだから、夫婦でいるときにたまたま目立ったことから、かんちがいされたみたいですね。

首が270度もまわるので目が動かなくても平気です。

アフリカオオコノハズク

フクロウは横目でカンニングができない？

DATA
- なまえ　アフリカオオコノハズク
- 大きさ　20cmくらい
- 分布　アフリカ

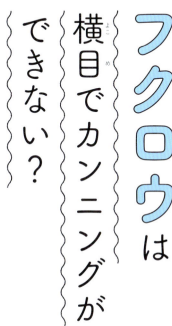

フクロウの仲間は、大きくまんまるな目が特徴的ですが、じつはこの目、頭蓋骨に固定されています。あまり自由に動かせないので、チラッと横目で見る、なんてことができないのです。それをカバーするのは首。フクロウの首は約270度もまわるので、横目なんてしなくても、まったく困らないのです。

まあ横目でチラッと見て、カンニングみたいなことをする必要もないですからね！

著者の体験談
メガネザルもそう！

目が動かないといえばメガネザルも同じ。横目ができないのです。ボルネオで出会ったメガネザルも、目を見開いたままゆっくり首を動かし、「見・つ・かっ・ちゃっ・た」みたいな感じで振り向いてたっけな。ちなみにタツノオトシゴの目は、めっちゃよく動くんですよ（笑）

メガネザル

　そもそも電線って、銅線がむきだしなわけじゃないので、感電はしないでしょうって思うけど、人やクマなどが感電したって話も聞きますよね。まあ、ふれてはいけないところにふれれば感電するのもわかるのですが、絶縁されているはずの電線にさわって感電するの？　とギモンに思い調べてみたら、漏電の危険もあるし、そもそも電圧が高いので、放電していたりするらしい。あとは、2線同時にふれてしまうと、電圧が高いほうから低いほうに流れるので、感電してしまうなんていうこともあるようです。まあ条件によっては、ふつうに感電するということみたいですね。
　ではでは、なぜ鳥は平気なのでしょうね？
　答えは簡単でした。ひとつの線にとまっているからだそうです。1本の電線の上に鳥がとまっても、左右のあしの電圧差がほぼないから、あしに伝わることはないんですって。電流は、流れやすいほうをとおる性質があって、わざわざ抵抗のある鳥のほうを流れないということみたいですよ。なんだか、わかったようなわからないような……。電気の勉強をしないとですね。

著者の体験談
ネズミも好きな電線

電線は鳥だけのものじゃありません。ハクビシンやケナガネズミなどなど、小型ほ乳類も移動に使います。鳥にくらべれば、感電しそうでヒヤヒヤしますが、感電しないしくみは鳥と同じ。電圧差がないから。わざわざ抵抗のある動物のほうを、電流は流れないのだそうです。

ケナガネズミ

おわりに

生きものはすばらしいんです。

どの生きものも人の想像をはるかに超える能力をもっています。

それは、人には絶対まねできない「驚異の能力」や、どこからどう見ても「かっこいい能力」、人にとっては「少し迷惑なこと」や人から見たら「少し気持ち悪く見えるもの」までさまざまですが、そのどれもがおもしろくて、かっこよくて、おどろきなのです。

そうした生態を実際に見た動物カメラマンや研究者は、何年も見続けてやっと見れたとか、この写真を撮るために何日も寝ずにがんばったとか、危険をかえりみず……なんてことをいいたがるのですが、この本で紹介している生態は、けっして特別なシーンではありません。身近な自然や、動物園や水族館での取材や、撮影中に出会えたものばかりです。

生きものにほんの少し興味をもち、動物園や水族館の飼育員さん、ペットショップ店員さんなど、その生きものに詳しい人にいろいろとお話を聞けば、だれにでも、そのおもしろくてかっこよくて、おどろきの「瞬間」を見られる可能性があるんです。

この本を読み終えたら、ぜひ生きものに会いにいってください。

そして、その生態や形態のおもしろさを、じかに感じてください。山や海、川やキャンプ場、ペットショップやネコカフェ、動物園や水族館……。動物に会おうと思えば、いつでもどこでもいろんな場所で会えるじゃないですか。そして、さらっと生きものの姿を見る「見学」で満足せず、少しだけねばって、その行動をよく「観察」してみてください。

野外でも動物園でも水族館でも、生きものを「見学」する時代はおわりですよ！　この本でも紹介されていないすごいシーンに立ちあえてしまうかもしれませんよ！

生きものカメラマン　松橋利光

Profile

松橋利光 ● まつはし・としみつ

水族館勤務ののち、生きものカメラマンに転身。水辺の生きものなどの野生生物や水族館、動物園の生きもの、変わったペット動物などを撮影し、おもに児童書を作っている。子どもが生きものと触れ合う機会を作ろうと地元博物館などで、毎年、生きもの教室を開催している。おもな著書に『奄美の空にコウモリとんだ』『奄美の森でカエルがないた』(アリス館)、『海の生きものつかまえたらどうする?』(偕成社)、また、その道のプロに聞くシリーズとして『その道のプロに聞く 生きものの持ちかた』『その道のプロに聞く 生きものの飼いかた』『その道のプロに聞く 生きものの見つけかた』(大和書房)が小学校の図書館でとりあいになるほど人気となり、ロングセラーに。

ホームページ
http://www.matsu8.com/

ブログ
http://matsu8.blog97.fc2.com/

撮影協力

- 鳥羽水族館
- 大洗水族館
- よこはま動物園ズーラシア
- 名古屋港水族館
- アドベンチャーワールド
- KawaZoo
- 蛙葉堂
- トコチャンプル

- 木元侑菜
- 後藤貴浩
- 山田和久
- 加々美萌

これまでの取材で撮らせていただいた写真を使わせていただきました。
ありがとうございます!

この本に登場する生きものたち

ア

アイフィンガーガエル …………… 108
アオウミガメ …………… 57
アオサギ …………… 116
アオダイショウ …………… 48
アカウミガメ …………… 56
アジアゾウ …………… 18
アフリカオオコノハズク ………… 121
アフリカゾウ …………… 19
アマガエル …………… 106
アラビアミミズトカゲ …………… 51
イソウロウグモ …………… 75
イナゴ …………… 66
イロワケイルカ …………… 40
イワシ …………… 96
ウサンバラオレンジバブーン …… 61
ウデムシ …………… 63
ウニ …………… 82
オオクロケブカジョウゴグモ …… 60
オーナメンタルツリースパイダー …… 61
オオヒキガエル …………… 100
オカメインコ …………… 114
オシドリ …………… 120
オヤビッチャ …………… 98
オランウータン …………… 29

カ

カ …………… 78
カギムシ …………… 72

カクレクマノミ …………… 88
カゴカキダイ …………… 98
カタツムリ …………… 74
カバ …………… 20
カマキリ …………… 67
キヌバリ …………… 98
キノボリカンガルー …………… 12
キリン …………… 10
クマバチ …………… 76
クラゲ …………… 87
グラスフロッグ …………… 105
クリオネ …………… 95
クロスジエンピツトカゲ …………… 50
ケナガネズミ …………… 123
コオイムシ …………… 63
コキクガシラコウモリ …………… 22
コケガエル …………… 107

サ

サイ …………… 16
サシバ …………… 122
シオマネキ …………… 89
シマウマ …………… 14
ジャイアントミミズトカゲ …………… 51
ジュゴン …………… 39
シロイルカ …………… 36
シロハラミミズトカゲ …………… 51
スズムシ …………… 68
スズメ …………… 122
スミシータランチュラ …………… 61

126

セイウチ	30
セイブシシバナヘビ	49
ソバージュネコメガエル	102

タ

ダイオウグソクムシ	84
タコ	80
タゴガエル	104
ダチョウ	112
ダンゴムシ	64
ダンダラミミズトカゲ	51
チャグロサソリ	62
チョウチョウウオ	98
チンアナゴ	94
ツチハンミョウ	70
ツバメ	118
テングザル	28
トノサマバッタ	69

ハ

ハートアシナシトカゲ	51
バートンヒレアシトカゲ	50
パプアンパイソン	49
パンサーカメレオン	53
バンドウイルカ	38、42
ヒイロパイソン	46
ヒガシニホントカゲ	54
ヒトデ	82
ピラニア	86
ヒレアシスキンク	50

フナムシ	65
フラミンゴ	117
フンボルトペンギン	110

マ

マウンテンキング	46
マダラサソリ	63
マメハンミョウ	71
マレーバク	24
ミズオオトカゲ	49
ミツバチ	77
ミツユビアホロテトカゲ	51
ミナミトビハゼ	92
ミニウサギ	26
メガネザル	121
モウドクフキヤガエル	103
モモイロインコ	115
モンハナシャコ	90

ヤ

ヤマカガシ	52
ヤマビル	78
ヨウム	115
ヨーロッパアシナシトカゲ	50

ラ

ラッコ	32、34
リュウキュウカジカガエル	101
ルリコンゴウインコ	115

その道の
プロに聞く

生きもののワオ！

知ってそうで知らない
豆知識

2019年10月5日　第1刷発行

著者 ──── 松橋利光(まつはしとしみつ)

発行者 ──── 佐藤 靖
発行所 ──── 大和書房(だいわ)
　　　　　　 東京都文京区関口1-33-4
　　　　　　 電話 03（3203）4511

ブックデザイン ── 若井夏澄(tri)
編集 ──── 藤沢陽子(大和書房)

印刷 ──── 歩プロセス
製本 ──── ナショナル製本

©2019 Toshimitsu Matsuhashi Printed in Japan
ISBN978-4-479-39329-0
乱丁本・落丁本はお取り替えいたします
http://www.daiwashobo.co.jp